박맹언 교수의 돌 이야기

국립중앙도서관 출판시도서목록(CIP)

(박맹언 교수의) 돌 이야기 / 박맹언 지음. – 부산 : 산지니, 2008
    p. ;   cm

ISBN 978-89-92235-40-2 03400 : ₩13000

돌(바위) [石]

459.04-KDC4
552-DDC21   CIP2008001389

지질학자의 **재미**있는 **땅**과 **돌** 이야기

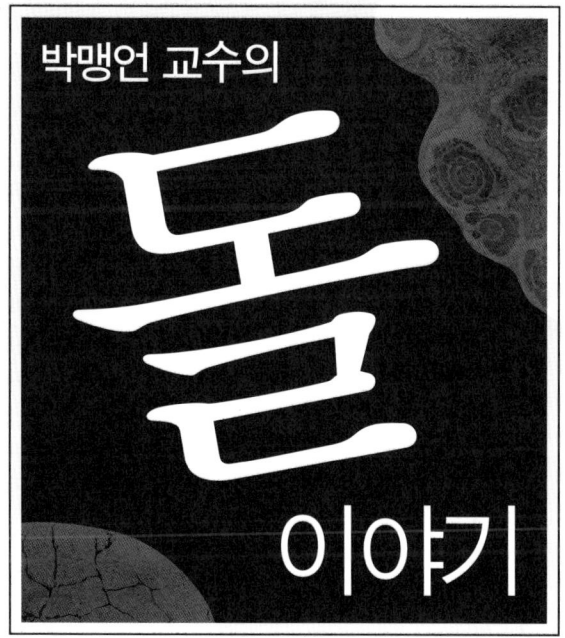

박맹언 교수의

돌
이야기

박맹언 지음

산지니

　　자연을 이루는 물질 중에서 생명체가 아닌 무생물에 대해 남다른 관심을 두는 사람이 필자와 같은 지질학자들이다. 필자는 아름다운 꽃과 기이한 동물에 대하여 일반인이 갖는 호기심 이상으로 돌에 대해 흥미를 갖고 있다. 우리 주변에 널려 있는 암석과 광물에 대해, 사람과의 만남 이상으로 관심을 둔다. 그래서인지 생명이 없는 암석이나 광물에 생명체와 같은 의미를 부여하는 습관에 젖게 되었다. 돌이 그림이나 예술 조각품 같고 역사책이나 시와도 같다는 생각을 하는데, 이는 모든 돌이 억년의 세월을 지닌 탄생의 신비와 아름다움을 지니기 때문일 것이다.

　　돌에 내한 관심이 지나쳐 오랫동안 돌에 빠져왔지만 단 한 번도 싫증을 느껴보지 않았다. 내가 돌을 좋아한 것은 아주 어린시절부터이다. 중학교에 다닐 때 마을 앞 비포장 신작로에서 반질반질하게 닳아 아름다운 무늬와 색을 띤 돌을 곡괭이로 파서 모은 것이 그 시작이었던 것 같다. 그 후로 강이나 바닷가에서 물에 젖은 아름다운 무늬의 돌을 무작정 모았다. 당시 모은 돌은 내가 대학에 진학한 후 집안 구석구석에 있던 것을 어머니께서 리어카로 버렸을 정도로 많았다.

우리나라만큼 국토의 면적에 비해 다양한 시대의 암석이 산출되는 나라도 드물다. 땅 전체가 지질박물관이라고 불릴 만큼 태고의 지층에서부터 신생대에 이르는 각 지질연대의 암석이 고르게 분포되어 있다. 이는 우리나라의 역사가 오래되고 다양한 문화를 지녔음을 뜻함으로 이 땅도 그만큼 역사가 깊다고 할 수 있다.

사실 평범한 돌이 형성되는 일체의 과정은 인간의 역사와 별반 다르지 않다. 그러므로 우리나라 역사를 지질역사에 견준다면, 태고의 암석은 단군왕조나 고조선에 비유될 수 있고, 고생대 석탄층은 화석과 같은 풍부한 지질학적 기록이 남아 있음으로 역사 기록과 유적 유물이 많은 삼국시대 내지 고려시대에 비견할 만하다. 대규모 화산활동이 있었던 중생대는 최근까지 그 영향력이 미치고 있는 조선시대에, 백두산과 한라산을 만든 신생대 화산암은 오늘날 대한민국에 해당된다. 이러한 생각을 곁들여 이 책을 읽으면 돌을 보는 느낌이 달라질 것이다.

이 책은 오랫동안 돌과 맺어진 인연의 결실이다. 우리 주변에서 흔히 볼 수 있는 돌에 대한 관심으로 최근 부산일보와 국제신문 등에 연재해 왔던 내용을 중심으로 하여, 20년 전 필자가 남극의 지질탐사에서 체험한 내용을 합하여 엮은 것이다. 일부는 돌에 대한 관심에서 얻게 된 사색을 역사와 연관시켜 정리한 내용이다.

'신토불이'라는 말과 같이 인간은 땅의 기운과 조화를 이루면서 살아왔다. 그러므로 우리 땅에서 살아온 사람만이 역사의 중심이 아니다. 장구한 땅의 역사도 우리 삶의 한 부분으로 자리잡고 있다. 인간의 역사와 함께 돌에 대한 관심이 필요하다고 생각되는 이유이다. 그래서 돌에 대한 관심은 예술품 못지않게 우리의 삶을 풍요롭게 하리라는 생각을 갖게 된다.

책을 만드는 데는 문학평론가이신 부경대학교 김남석 교수님께서 크게 수고를 해 주셨다. 산지니 출판사 강수걸 대표께서 세간의 관심을 끌지 못하는 내용임에도 불구하고 기꺼이 출판을 허락해 주셨다. 두 분께 진심으로 감사를 드린다.

2008년
4월 박맹언

II 돌의 가치와 신비

III 돌과 만나는 삶

IV 지질학자의 사색

V 남극 체험기

I 산과 바다에서 만나는 돌

청송 꽃돌은 형태가 다양하고 아름다우며 매우 희귀하여 오랫동안 지질학자와 수석 애호가들에게 관심의 대상이 되어왔다. 청송 꽃돌이 갖는 다양한 형태와 아름다운 색은 세계적으로 그 예를 찾기 어렵다. 청송 꽃돌은 수석업자들에 의해 국화, 매화, 목단, 장미, 해바라기, 민들레, 카네이션, 다알리아 등 수십 종류로 분류된다.

01 황령산의 보물들

부산의 중심부에 위치한 황령산 일대는 신라시대 이전에 거칠산국이 위치했던 유서 깊은 고장으로, 청동기 지석묘를 비롯하여 신라에서 고려까지의 건물 유적이 발견되는 곳이다. 산의 정상에는 조선시대의 통신수단인 봉수대가 남아 있고, 오늘날 디지털 송신소의 철탑이 그 역할을 대신하고 있다.

8천만 년 전 백악기시대의 부산은 주기적으로 건조했던 아열대지역으로 넓은 호수로 통하는 강과 평야에 수많은 공룡들이 살았던 곳으로 알려져 있다. 한편 화산활동이 격렬했던 이 시기 부산에는 두꺼운 호수 퇴적물을 뚫고 지하 깊은 곳의 용암이 분출하여 그 위를 덮기도 하였다. 그 결과 황령산 정상부가 생물활동의 흔적화석이 있는 퇴적암으로 이루어진데 반해, 금련산은 화산암으로 이루어져 있다.

전포동 일대의 황령산에는 천연기념물(267호)로 지정된 둥근 꽃 모양 무늬의 구상반려암이 분포한다. 구상반려암은 지하 깊은 곳 맨틀로부터 올라온 마그마가 식어서 된 암석으로 지질학적으로

연구가치가 매우 높다. 우리나라에서는 황령산에서 처음 발견되었
으며, 세계적으로도 몇 안 되는 지역에서만 보고되는 희귀한 암석
이다.

　　지금은 개발로 인해 원래의 모습을 찾기 힘든 남천(南川)이라
불리던 개울은 수석수집가들이 애호하는 우리나라 유일의 벽옥(碧
玉) 산지이다. 벽옥은 맑은 붉은빛을 띠는 옥수질의 자스퍼(Jasper)
라는 암석으로 수석 중에서는 최고로 치는 명품이다. 이 벽옥은 황
령산이 뜨거운 용암으로 뒤덮일 때 데워진 온천물에서 생긴 것으로

지금도 과거의 채석장에서 흔히 발견되고 있다.

또 황령산은 금광(金鑛)뿐만 아니라, 한의학에서 보혈치료에 사용하는 광물약인 자석과 대자석을 함유하는 철광(鐵鑛)이 개발되었다. 이로 인해 과거 광산지역의 지하수가 중금속에 오염될 가능성이 있다. 최근 황령산 약수터의 수질검사에서 기준 이상의 비소가 검출되는 것은 바로 이러한 이유 때문이다.

현재 황령산에는 청소년 수련장과 레포츠 공원이 있어 많은 학생들이 찾아오고 있다. 이제라도 우리는 이들을 위해 황령산에 감추어진 더 많은 보물들을 찾아 개발함으로서 후세를 위한 자연교육 학습현장으로 가꾸어야 할 것이다.

# 황령산의 구상반려암

    부산 중심부에 위치한 황령산 주변은 청동기시대에서 근세에 이르는 많은 역사유적이 발견된 지역이다. 그러나 전포동 일대의 황령산에 화성암의 일종으로 둥근 꽃무늬를 갖는 천연기념물(267호)인 구상(球狀)반려암이 있다는 것을 아는 사람은 많지 않다.

    우리나라는 지질학적으로 의미가 큰 대표적인 광물이나 암석, 규모가 크고 특이한 동굴, 동식물의 화석(化石) 등을 천연기념물로 지정하고 있다. 그 중 암석으로는 황령산 구상반려암을 비롯하여 무주 구상화강암, 상주 구상편마암, 백령도의 감람암이 포획된 현무암 등 4종만이 천연기념물로 지정되어 있다. 북한에는 함경남도 백금산의 마그네사이트 광체, 금강산의 수정, 붕소를 함유하는 규산염 광물로서 황해도 홀동광산에서 처음 발견되어 홀동석으로 명명된 최초의 암석노두 등이 있다.

    구상암은 마그마가 지각의 약한 곳을 뚫고 상승하는 과정에서 먼저 정출된 결정들이 특수한 지질작용에 의해 동심원상의 구조를 이루며 형성된 것으로 짐작되고 있다. 구상의 집합체는 용융상태의

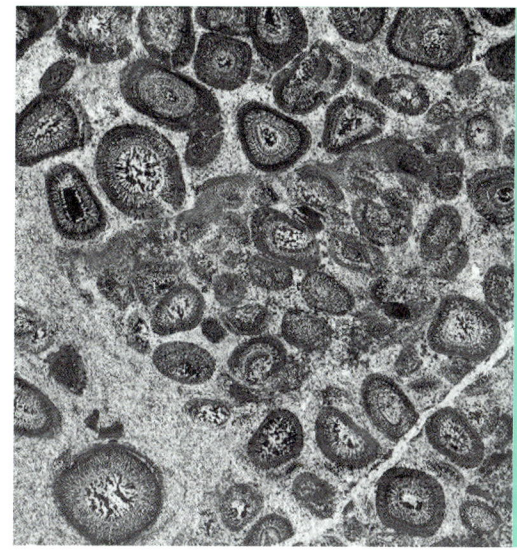

흙 속의 진주 구상반려암.
표면을 연마하여
꽃무늬가 더 또렷하고
아름다워 보인다.

마그마 윗부분이나 심성암의 모체에서 멀리 떨어진 암맥에서 형성
되는 것으로 알려져 있으나 학자에 따라 여러 가지 의견이 제시되
기도 한다.

　　구상반려암은 일반적으로 핵과 동심원상 구조를 보여주는 공
모양의 껍질(각, 殼)로 구성되며, 한 종류로만 구성된 단각 암구, 여
러 광물에 의해 동심원을 이루는 다각 암구로 구분된다. 황령산 구
상반려암은 지금까지 아시아에서는 유일하게 발견된 희귀암석으로
암록회색 내지는 연한 회색을 띠는 반려암 속에 크기가 수㎜에서
최대 10㎝에 달하는 동심원무늬의 암구(岩球)가 형성되어 있다.

　　황령산 반려암은 약 6천만 년 전 퇴적암 내 틈을 따라 관입한
마그마의 신비한 조화에 의해 탄생한 천연의 예술품이다. 그러나

이 천연의 걸작은 대부분 땅 속에 묻혀 있고, 지표에 노출된 경우에
도 그 아름다움을 볼 수 없을 정도로 심하게 풍화되어 있어 관찰하
기가 쉽지 않다.

현재의 황령산 구상반려암은 아무도 그 아름다움을 볼 수 없
는, 그야말로 흙 속에 묻혀 있는 진주이며 연마되지 않은 옥(玉)과
같다. 옥은 갈아야 아름다운 광채가 나는 법이다. 외국의 경우처럼
표면을 연마하여 전시함으로서 황령산 구상반려암의 아름다움과
가치를 더욱 높였으면 하는 바람이다.

⓪3 황령산 용암분출

8천만 년 전 백악기 동안 황령산은 로마의 폼페이를 파묻은 베수비어스 화산처럼, 지축을 울리는 굉음과 함께 엄청난 양의 화산재를 내뿜던 화산이었다. 그러나 지금 황령산은 이미 오래전 화산 활동이 완전히 끝나고 당시의 흔적만 관찰될 뿐이다.

그런데 지난 1992년 9월 27일 오전 황령산 송신탑 아래 등산로에서 용암(?)분출이 일어나 긴장감에 휩싸인 바 있었다. 당시 용융된 암석(용암)의 분출로 인해 현장 주변의 나무들이 불타고 마치 분화구와도 같은 두 개의 작은 구멍이 생겼다. 하와이 화산여신의 이름에서 유래된 화산분출물의 일종인 펠레의 눈물(Pele's tears)과 펠레의 머리카락(Pele's hair)이 사방 10여 미터에 이르는 주변 바닥과 수목들을 온통 뒤덮었다.

비처럼 쏟아진 펠레의 눈물(용암 비)로 인해 나뭇잎은 벌레 먹은 것처럼 온통 구멍이 뚫렸고, 높이가 6~7m 되는 전선주에도 펠레의 머리카락이 거미줄처럼 매달려 있었다. 당시의 기온은 섭씨 20도를 밑도는 쌀쌀한 날씨였지만, 분출지점의 온도는 수일 동안 섭씨 50도가 유지되었다.

펠레의 눈물과 머리카락은 용광로의 쇳물과 같은 고온 용암이 좁은 분화구를 통해 빠른 속도로 뿜어져 나올 때 갑자기 식어 물방울과 머리카락 모양의 유리질 물질로 변한 것이다. 만일 당시의 용암 비가 인근 주택이나 등산객에게 쏟아졌다면, 생각만 해도 아찔한 광경이 만들어질 뻔했다.

당시 시민의 불안과 혼란을 감안하여 부산시장에게 곧바로 보고되었다. 분출 후 이틀 만에 정밀한 지질조사를 위해 하와이대학

펠레의 눈물과 펠레의 머리카락.
하와이 화산여신의 이름에서 유래된 화산분출물의 일종으로 황령산에서 분출했을 때
사방 10여 미터에 이르는 주변 바닥과 수목들을 온통 뒤덮었다.

교 화산연구소장(마이클 가르시아 교수)을 긴급히 모셔왔다. 몇몇 지질학자들이 지진기록, 지형변동, 분출물질의 광물 및 화학조성 분석 등을 실시하였고, 재분출의 위험에도 불구하고 분화구 지점의 발굴을 비롯한 시간을 다투는 조사들이 긴박하게 진행되었다.

조사결과, 황령산의 용암분출이 일반적인 화산폭발과는 달리 지표 균열과 몸으로 느낄 수 있는 지진이 없었고, 초기 폭발 이후 점차 식고 있다는 것이 확인되었다. 또 분출물질의 성분이 지표 근처의 물질이 용융된 것으로 확인됨에 따라, 지질학적으로 이후 황령산에서 용암분출이 계속될 가능성이 없다는 최종 결론에 이르렀다.

당시의 긴장감은 지금도 머릿속에 생생하다. 비록 황령산의 용암분출이 화산활동에 의한 것이 아닌 것으로 밝혀졌고, 또 지금까지 추가적인 분출이 없었으나, 그 분출원인이 규명되지 않은 만큼 이제라도 공개적인 조사가 이루어져야 할 것으로 생각된다.

 태종대 바위는 상감청자

태종대는 신라 태종 무열왕이 삼국통일의 위업을 이룩한 뒤 전국을 순회하던 중 빼어난 해안 절경에 취해 쉬던 곳이라 하여 유래된 지명이다. 신생대 마지막 간빙기 동안 파도에 의해 침식되고 해수면이 낮아져 형성된 지형 특징을 지니고 있다. 바다와 하늘, 기암 절벽과 숲이 어우러진 부산의 명소로서 2005년 국가지정 문화재(17호)로 등록되었다.

태종대에는 수많은 공룡 유적과 함께 흰색과 초록의 아름다움이 조화된 천연의 암벽화(岩壁畵)가 간직되어 있다. 태종대는 8천만 년 전 공룡시대에 우리나라 동남부가 호수로 덮여 있을 때 호수의 퇴적물이 돌로 변한 것으로서, 당시 공룡들이 호수의 물을 먹기 위하여 호수 주변을 걸어 다닌 흔적들이 발자국 화석으로 남아 있기도 하다.

천연의 암벽화는 퇴적물이 암석화되는 과정에 이곳을 뚫고 올라온 마그마의 열과 이와 함께 형성된 뜨거운 물(열수)의 영향을 받아 칼슘, 마그네슘, 철을 함유한 녹니석, 녹렴석, 각섬석 등의 녹색

태종대 바위에 새겨진 천연 암벽화(위)와
공룡 발자국 화석(아래).

광물과 주로 규소, 나트륨으로 구성된 석영, 사장석 등의 흰색광물
이 번갈아 띠를 이루며 형성된 결과이다. 이러한 암벽화의 다양한
무늬는 표면에만 있는 것이 아니라 그 속에도 같은 광물로 채워져
있어 마치 녹색의 상감무늬를 새긴 청자와도 같은 아름다움을 지니

고 있다.

이외에도 원형이나 타원형의 구상혼펠스(Orbicular hornfels)가 발견되는데, 이는 세계적으로도 희귀한 암석으로서 상대적으로 물이 부족한 지질 조건에서 겹겹이 다른 색깔을 띠는 광물로 생성된 변성암(變成岩)의 일종이다. 우리나라는 상주, 무주, 밀양 등지에서 여러 종류의 구상암이 발견되었으며, 부산 전포동의 구상반려암을 비롯한 대부분의 구상암은 천연기념물로 지정되어 있다. 그러나 이들 구상암은 모두 무채색이어서 태종대의 암벽화처럼 아름다운 색을 갖지 않는다.

태종대 암벽의 청자빛 천연벽화는 우리의 귀중한 자연유산이다. 개발이나 파도에 의한 해안침식 혹은 풍화작용으로 원래의 상태가 자칫 훼손되지 않도록 보존 방법을 찾아보자.

05 부산 수정산의 수정

　부산 동구에 있는 수정산은 한때 부산 도심 속의 오지로 수정 같은 맑은 샘물이 솟아나는 약수터로 유명하다. 수정산은 60년대까지만 해도 산의 정상에서 흔히 수정(水晶, 투명한 무색의 석영 결정)이 발견되었고, 최근의 수정산 터널 공사현장에서도 수정이 흔히 눈에 띤 것으로 미루어 보아 수정 산지에서 그 이름이 유래된 것으로 생각된다.

　수정산의 수정은 7천만 년 전 마그마가 식어 화강암이 될 때 함께 만들어진 것으로 부산에는 수정산 외에 비슷한 지질조건을 갖는 백양산 기슭에서도 흔히 볼 수 있었다. 10여 년 전 백양산 중턱의 산복도로 공사 때에 크고 작은 수정굴이 파헤쳐져 비가 오면 빗물에 씻겨 반짝거리는 수정이 사방에 널려 있어 수집가들이 몰려들었으나 지금은 산의 중턱까지 집이 들어서 찾기가 쉽지 않다.

　수정은 지하의 뜨거운 물속에 녹아 있던 규소성분이 결정화된 것으로, 얼음이라는 뜻의 그리스어 크루스탈로즈(krustallos)에서 유래되었다. 고대 그리스인들이 올림푸스 산 동굴에서 아름다운 석

영 결정을 발견, 이 광물은 신이 맑고 투명한 물을 영원히 보존하기 위하여 얼려놓은 것이라 여겨 얼음이라는 뜻의 이름을 붙였다고 전해진다.

수정은 육각형 기둥 형태로 자라 보석같이 투명하고 아름다운 광채를 지니기 때문에 고대로부터 강한 생명력을 지닌 신성한 돌로 여겼다. 그래서 세계적으로 신비를 지닌 성스러운 장소의 지하에 수정이 묻혀 있다고 전해지고 있다. 우리나라에서도 김해 가야시대 유적에서 나온 길이가 1.6m에 달하는 수정 목걸이를 비롯하여, 신라 금관의 수정 곡옥(曲玉)과 금령총의 수정 목걸이 등 많은 수정 장신구가 출토된 것으로 미루어 볼 때, 오래전부터 매우 진귀한 보석으로 여겨왔음을 알 수 있다.

수정은 한의학에서 운영(雲英) 또는 옥광(玉光)으로 불리는 광물약재이다. 기미(氣味)가 따뜻하고 달며, 무독하여 정신을 가다듬거나 폐와 신장의 기운을 높이는 약재로 이용되었다. 또 수정이 우주의 에너지를 전달하고 흡수하는 광물이라 생각하여 명상이나 대체의학에 이용되기도 한다. 수정이 지닌 신비한 힘의 진위를 떠나, 부산의 수정산이 이름만큼이나 아름다운 산으로 깨끗하게 남기를 기원한다.

장산의 꽃돌

　1억 년 전 중생대 백악기 동안 한반도 동남부는 화산폭발로 온
천지가 진동하던 지역이었다. 우리나라가 속한 유라시아 대륙 지판
(地板) 아래로 태평양 지판이 섭입(암석권의 한 지판이 다른 지판
아래로 밀려들어가는 현상)되면서 강렬한 화산폭발이 2천5백만 년
동안 일어났다. 오늘날에는 지표면의 침식으로 분화구를 볼 수 없
으나, 장산·황령산·백양산·승학산 등지에는 당시 강렬했던 화
산활동의 흔적이 남아 있다.

　장산은 7천만 년 전 화산중심지로서 화산폭발로 흘러나온 용
암과 화산재의 두께가 1,000m나 되었다. 화산분출로 빠져나간 용암
으로 인해 지하에 빈 공간이 생기고, 이 공간 위에 놓여 있던 암석들
이 무게를 견디지 못하고 가라앉아 콜드론(화산에 의한 함몰구조)
이 형성되었다.

　장산의 화산암들은 물리적 풍화를 받아 절벽이나 경사면 아래
에 쌓여서 돌무더기(테일러스)를 형성하고 있다. 이것은 장산이 화
학적으로 잘 분해되지 않는 규소가 많은 산성 화산암으로 구성되어

장산이 화산 분화구였음을 말해 주는 장산의 꽃돌.
굵은 돌소금을 뿌려놓은 것 처럼 바위에 쌀알 크기의 수많은 석영결정이 박혀 있는데
이 석영결정들은 과거 해운대 백사장의 질 좋은 수정모래의 근원이었다.

있기 때문이다. 이로 인해 장산의 암석 중에는 누군가 바위 위에 굵은 돌소금을 뿌려놓은 것 같은 쌀알 크기의 수많은 석영결정이 박혀 있다. 이 석영결정들은 과거 해운대 백사장의 질 좋은 수정모래의 근원이었으나, 지금은 하천복개로 인해 수로가 변경되어 더 이상 공급되지 않고 있다.

장산의 화산암 중 재송동과 반여동 산기슭의 돌에는 담홍색과 녹색의 바탕에 석영과 장석으로 이루어진 밤알 크기의 둥근 알갱이(구과, 球菓)들이 박혀 있다. 구과상 유문암으로 불리는 이 암석은 한 점을 중심으로 방사상으로 성장한 구과를 함유하고 있다. 이 구과는 점성이 높은 용암이 과냉각되는 과정에서 유리질 성분이 모여서 만들어지는 것으로 알려져 있으나, 그 형성과정이 구체적으로 규명되지 않은 신비스러운 돌이다.

장산의 구과상 유문암은 외국에서도 그 명성이 높은 청송의 꽃돌이나, 원동·밀양 일대에서 산출되는 매화석과 같은 종류의 돌이다. 장산의 꽃돌은 풍화가 심해 야외에서 그 아름다움을 충분히 볼 수 없으나 땅 속에는 아름다움을 간직한 신선한 부분이 대규모로 널려 있다. 일본에서는 꽃돌이 준보석(보석에 준하는 가치가 있는 광물이나 암석)으로 간주되어 천연기념물로 지정하여 관리하고 있다. 우리도 수천만 년 전 뜨거운 용암으로부터 탄생한 천연의 예술품, 장산의 꽃돌에 대한 가치를 인식하고 지질명소(Geologic Interest, 관광명소와 대응되는 용어로 지질학적으로 관심이 높은 지역이나 장소)로 정하면 어떨까 한다.

 해운대 장산의 돌서렁

　장산에는 산악인들이 너덜(겅)이라 부르는 돌밭이 유난히 많다. 너덜은 암벽에서 떨어져 나온 바위들이 비탈면에 쌓여 돌밭을 이룬 것으로 지질용어로는 테일러스(talus) 또는 애추(崖錐)라고 하고 흔히 돌서렁으로 불린다.

　돌서렁은 암석이 주로 물리적 풍화작용에 의해 절리(암석의 틈)를 따라 깨어지고, 오랜 시간에 걸쳐 산의 경사면을 따라 아래로 무너져 내리면서 만들어진다. 그 외에도 지진이나 화산분출 등과 같은 강렬한 진동이 일어날 때 산 위의 크고 작은 바위가 경사면을 따라 이동되어 만들어지기도 한다.

　장산의 돌서렁은 이곳의 돌이 화학적으로 잘 분해되지 않는 산성 화산암으로 구성되어 쉽게 흙으로 분해되지 않기 때문에 생긴 것이다. 부산은 구덕산과 백양산을 비롯하여 화산암지대에서 흔히 볼 수 있는 지질현상이다.

　돌서렁은 바윗덩어리들이 서로 엇갈린 형태로 쌓이게 되어 틈 사이로 작은 동굴과 같은 공간이 생긴다. 그 중에는 밀양의 얼음골

암벽에서 떨어져 나온 바위들이 비탈면에 쌓여 이룬 돌밭.
흔히 너덜이라고 부르는데 지질용어로는 테일러스(talus) 또는 돌서렁으로도 불린다.
밀양 얼음골은 돌서렁 밑에 겨울의 찬 공기가 갇혀 있다가 바위틈의 풍혈을 통해
찬바람이나 냉천을 형성하여 여름철 피서지로 인기가 높다.

처럼 돌서렁 속의 공간에 겨울의 찬 공기가 갇혀 있다가 바위틈의 풍혈(風穴)을 통해서 찬바람이나 냉천(冷泉)을 형성하여 여름철 피서지로 인기가 높은 경우도 있다.

장산의 돌서렁은 다른 곳보다 유난히 큰 바윗덩어리들이 많이 쌓여 있다. 또 돌서렁 중에는 아래에서 물이 흐르는 곳이 있는데, 계곡이 아닌 산의 능선을 따라 펼쳐진 돌서렁 밑으로 물이 흐르는 것은 흔치 않은 경우로 특이한 현상이다. 이 돌서렁 샘물은 산 위쪽의 암석 틈에서 솟아나와 너덜 아래 바닥을 따라 흐르는 지하수로서 가뭄에도 마르지 않고, 물맛 또한 뛰어나 더욱 신비롭다.

장산 돌서렁 아래의 물소리는 산의 한참 위쪽에서도 들을 수 있는데 그 시작이 어디인지 정확하게 알 수 없으나 물소리의 크기로 미루어 볼 때 수량이 적지 않음을 짐작케 한다. 이곳의 샘물은 장산을 구성하는 암석의 지질학적 특성으로 인해 중금속이 함유되지 않을 뿐만 아니라, 넓은 돌밭 밑을 흐르고 있어 유기물의 영향이 적을 것으로 짐작된다. 수천만 년 전 백악기 화산의 역사와 유문암 꽃돌의 신비를 간직한 장산의 돌서렁 약수가 오염되지 않도록 우리 모두 노력해야 할 것이다.

해운대 바다 밑

부산의 명물로 빼놓을 수 없는 것이 온천이다. 부산지역 온천수는 염분농도가 높은 식염천(食鹽泉)으로 지하 깊은 곳까지 순환하는 바닷물이 마그마의 열원에 의해 데워진 후 찬 지하수와 혼합되었기 때문에 다른 지역의 온천보다 칼슘과 마그네슘 등 이온함량이 높은 특징을 지니고 있다.

부산지역 온천수는 해수가 기원이어서 담수 지하수인 내륙의 온천과는 달리 수량이 매우 풍부하다. 온천수가 섭씨 150도까지 가열된 후 지표로 올라오는 과정에서 찬 담수 지하수가 섞여 온도가 낮아졌다. 이 때문에 해수기원의 온천수는 상대적으로 수온이 높다.

부산의 해안지역에는 양질의 해수(海水) 지하수가 개발되어 해수 온천이 이미 성업 중에 있다. 최근 해운대와 광안리 해안에서 건설 중인 대형 호텔과 아파트 공사 현장에서 해수 지하수와 함께 온천이 여러 곳에서 발견되고 있다. 새로 발견된 온천은 수온이 다소 낮지만 기존 온천지역이 아닌 곳에서 발견됨에 따라, 부산의 해안지대에 광역적인 고온의 지열이상대가 분포하고 있음을 알려주는 지표가 된다. 동시에 해운대나 광안리 연안의 바다 밑에 무진장한 온천과 해수 지하수 자원의 높은 부존가능성을 짐작하게 한다.

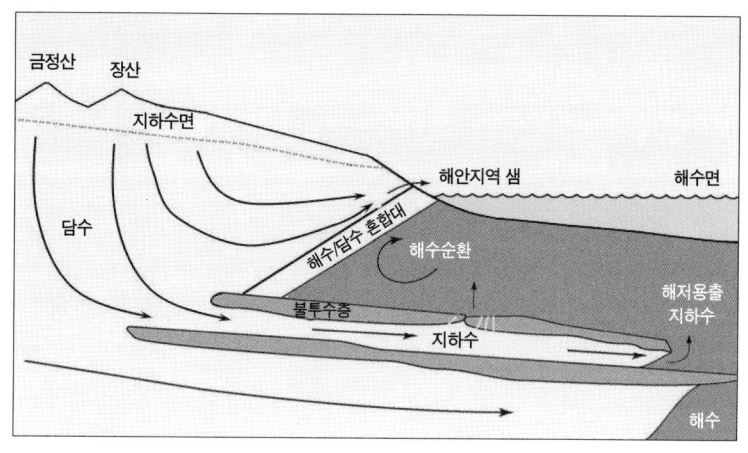

온천수는 에너지원으로서 가치가 높은 반면, 해수 지하수는 유해한 유기물이나 병원균이 없고 마그네슘, 칼륨, 칼슘 등의 미네랄을 다량 함유하고 있어, 최근 주목받고 있는 해양심층수 같은 장점을 지니고 있다. '해양심층수'는 불순물을 제거해야 하는 일반 해수와 달리 소금기만 빼면 바로 먹을 수 있고, 광천수보다 무기영양소가 풍부하기 때문에 '마법의 물' 또는 '은혜의 물'로 인식되어 미국과 일본 등 선진국에서 새로운 수자원으로서 개발대상이 되고 있다.

한편, 해저용출 지하수는 태고부터 지하로 유입되어 오랜 시간 땅 속에서 숙성된 암반수로, 수온이 일정하고 깨끗할 뿐만 아니라 무기질이 풍부한 천연의 알칼리성 활성수이다. 바다 밑 온천수와 해저용출 지하수는 화석에너지 자원과 달리 폐기물을 발생시키지 않는 순환성 자원으로서의 활용성이 매우 크다. 해운대 바다 밑에서 해저 온천과 함께 지하수를 찾아 개발하고 이용한다면, 그야말로 부산을 청정한 해양도시로 바꾸는 블루오션이 될 수 있을 것이다.

08 기장 해변-귀갑석의 산지

　　부산의 기장군은 청정해역에서 나는 미역과 멸치, 붕장어 등의
해산물 산지로서, 풍광이 아름다운 아홉 곳의 포구, 기장 9포(浦)가
있다. 이 포구들은 경치가 아름다울 뿐만 아니라, 동백포(동백리)와
임랑포(임랑리)로 이어지는 해변은 수석수집가들이 애호하는 거북
등무늬의 귀갑석(龜甲石)을 비롯하여, 흑돌과 소흑국(小黑菊) 등의
귀한 수석이 나는 곳으로 유명하다. 기장의 수석 중에서 가장 인기
있는 귀갑석은 울산의 방어진과 주전을 비롯하여 부산 용호동과 거
제의 해안에서도 발견되나, 기장의 동백리와 칠암리 일대가 전국
최고의 산지이다.

　　귀갑석의 거북등무늬는 퇴적암에서 흔히 생기는 건열(乾裂)구
조(가뭄 때 논바닥이 갈라진 모양) 또는 석회질을 함유한 퇴적물의
수축에 의해 생기는 것으로 알려져 있다. 그 중 귀갑석 단괴
(Septarian nodule)는 점토질의 탄산염 퇴적물이 속성작용에 의해
구형이나 타원체를 이루고, 탈수로 인한 수축으로 중심에서부터 바
깥으로 방사상의 틈이 생겨 독특한 거북등무늬를 만든다. 특히 그

거북등무늬 귀갑석.
기장의 귀갑석은 파도에 깎여 자갈 형태로 발견되며, 갈라진 틈에 흰색의 방해석이
침전되어 생긴 선명한 거북등무늬가 있어 수석수집가들에게 인기가 좋다.

틈이 흰색의 방해석이나 옥수(玉髓)로 채워진 귀갑석은 수석으로
인기가 많다. 거북이 길상과 장수를 상징하기 때문에 매우 귀하게
여겨, 그 가격이 적게는 수만 원에서 많게는 수백만 원을 호가한다.

한편 화산암에서도 용암이 냉각되는 과정에서 체적이 줄거나
상대적으로 빨리 식어 굳은 표면이 용암가스의 압력으로 인해 빵

껍질처럼 부풀어 올라 거북등무늬가 생기지만, 이러한 경우에는 흰색의 띠를 형성하지 않기 때문에 수석으로서 가치가 떨어진다.

기장의 귀갑석은 대부분 파도에 의해 자갈 형태로 발견되며, 바닷물과의 반응으로 갈라진 다각형 틈에 흰색의 방해석이 침전되어 선명한 거북등무늬를 가지고 있어 최고로 여긴다. 귀갑석 원석은 기장군 일대에 분포하는 이천리층의 이암층에서 산출된다. 이천리층은 8천만 년 전 중생대 백악기 호수퇴적층으로 기장군 일광면의 이천리에서 처음 그 지층명이 유래되었다.

기장의 귀갑석은 수천만 년 전 호수에 쌓인 퇴적물이 암석으로 변한 후 지표에 노출되고 파도에 씻기어서 만들어진 경이로운 자연의 예술품이다. 그동안 바다 속까지 무분별하게 채취하여 지금은 해변에서 볼 수 없어 안타까운 마음이 든다.

09 금정산의 수수께끼

　　7천5백만 년 전 중생대 백악기의 화강암으로 이루어진 금정산은 산성마을을 병풍처럼 둘러싸고 있는 독특한 환상(環狀)의 분지를 형성하고 있다. 이러한 분지지형은 차별침식이나 운석충돌에 의해 생기는 것으로 알려져 있고, 금정산의 경우 열대성 습윤기후와 빙하기의 침식작용의 복합요인에 의한 토르(석탑 모양의 바위지형)로 설명되고 있다. 그러나 국내의 다른 화강암지역에서 토르와 분지지형을 동시에 갖는 경우가 드물기 때문에 그 원인에 대한 의문이 아직 풀리지 않고 있다.

　　산성마을 분지의 동래, 만덕, 화명 일대 바깥쪽 사방 20km에 걸쳐 늘어선 산기슭에는 수m 크기의 특이한 암괴지형을 이룬다. 이 거대한 바윗덩어리들은 경사면을 따라 무너져 내린 붕락층의 특징을 지니고 있다. 금정산 일대는 산성마을을 비롯하여 주변 산이 모두 화강암으로 이루어져 있으나 유독 산성마을만이 낮은 분지를 형성하고 있는 것도 지질학적으로 잘 설명되지 않는 사안이다.

　　게다가 금정산 화강암의 깨어진 틈은 동서남북 모든 방향으로

환상의 분지 금정산.
화강암으로 이루어진 금정산은 산성마을을 병풍처럼 둘러싸고 있는 독특한 분지를
형성하고 있다. 화강암의 주를 이루는 석영(수정)이 질 좋은 지하수를 만들고 그 물로 빚은
동래산성 막걸리는 우리나라 민속주 1호로 예로부터 그 명성이 높았다.

발달되어 있어 중앙부에 운석과 같은 강한 충돌에 의한 가능성을
지니고 있다. 지금까지 운석조각이 발견되지 않고 있지만 우리는
산성마을이 운석이 부딪힌 장소라고 추측해 볼 수도 있다. 오래전
운석충돌로 인해 산성마을이 위치한 분지가 생기고, 그때의 충격으
로 멀리 범어사, 금강공원, 구포의 산기슭 낮은 곳까지 거대한 바윗
덩어리가 산 밑까지 굴러내려 왔는지도 모를 일이다.

　『동국여지승람』「동래부지」의 금어(金魚) 설화에 나오는 산 정

상의 바위샘 금정(金井)은 마그마 속에 갇혀 있던 포획체가 다른 부분보다 빠르게 풍화되어 패인 자리이다. 이 자리는 빗물이나 안개가 응결되어 잘 마르지 않는데 이러한 바위샘은 다른 곳에서는 보기 드문 현상이다.

금정산을 구성하는 화강암은 지하 10km 아래의 뜨거운 마그마가 천천히 식어서 된 암석이다. 화강암은 중금속 성분이 전무하며 많은 결정질 석영(수정)으로 이루어져, 질 좋은 지하수를 만든다. 그래서 산성마을의 누룩과 금정산 물로 빚은 동래산성 막걸리는 우리나라 민속주 1호로 예로부터 그 명성이 높았다. 미국 콜로라도 주 골던 시(Golden City)는 로키 산맥 화강암지대의 질 좋은 물로 세계적인 쿠어스(Coors)맥주를 탄생시켰다. 부산도 수천만 년 전 뜨거운 마그마의 열기와 운석충돌의 역사(?), 그리고 금어의 설화를 간직한 금정산의 맑은 지하수로 우리의 술 막걸리를 빚어 세계적인 브랜드로 가꾸면 어떨까.

10 천마산의 조각품

　부산 서구에 위치한 천마산(天馬山)은 중생대 백악기 동안 화산활동이 활발하게 일어났던 곳으로, 용암과 화산쇄설암이 층층이 쌓여 성층화산체를 이루고 있다. 이 일대는 지질시대 호수가 있었던 곳으로 호수 가운데서 분출한 용암과 화산각력암이 분포하고 있고, 화산각력암의 각력(자갈)은 보통 10cm 정도이나 최대 1.7m 크기까지 관찰되고 있어, 당시 격렬했던 화산폭발의 위력을 가히 짐작할 수 있다. 그 당시 용암이 올라온 통로는 이 일대 도로변 절벽에서 암상(巖床, sill)이나 암맥으로 남아 있으며, 남동부 산중턱에는 화산폭발이 끝난 다음 땅 속 깊은 곳에서 마그마가 서서히 식어서 된 화강섬록암이 분포하고 있다.

　천마산은 자연경관이 잘 보존된 곳으로 부산항을 한눈에 내려다 볼 수 있고, 신라시대의 석성과 봉수대뿐만 아니라 조각공원이 조성되어 있다. 산중턱 조각공원에는 주변의 자연환경과 어우러진 조각품들이 곳곳에 설치되어 있다. 그러나 이곳에 인간의 조각품과 더불어 대자연의 손길로 이루어진 천연의 걸작 조각품이 숨어 있는

천마산에는 박리작용으로
생긴 양파구조 암석과 계란
반숙 모양의 암석 등 천연
조각품과 사람이 만든
조각품이 어우러져 있다.

곳이라는 것을 아는 이는 그리 많지 않다.

천마산에는 박리작용(剝離作用, exfoliation)으로 암석이 동심원 형태로 벗겨지는 양파구조 암석을 비롯하여 흡사 계란반숙을 암석 위에 올려놓은 듯한 형태의 특이한 지질현상이 발견된다. 단 발자국무늬의 혼펠스(접촉 변성암의 일종)가 있는 천마바위와 전기석에 의한 꽃무늬 안산암이 관찰된다.

박리작용은 지하 깊은 곳에서 형성된 암석이 지표로 노출되면서 압력이 감소되는 경우와, 암석 내의 점토광물로 인한 팽창으로 설명되고 있다. 그러나 천마산처럼 수십 개의 정교한 동심원구조가 동시에 형성되는 것은 매우 드문 경우로, 이곳의 박리현상은 응회암(화산재로 된 암석)이 화산활동에 의해 데워진 물과 반응하여 점토광물을 형성한 결과로 설명할 수 있다. 이는 감자를 삶을 때 열로 인하여 감자의 성분이 바뀌고 부피가 팽창하여 겹겹으로 벗겨지는 것과 같은 이치이다.

천마산은 천혜의 자연환경으로 등산과 휴식을 위해 시민의 발길이 잦은 지역이다. 또한 이곳은 사람이 만든 조각예술품과 박리작용으로 설명되는 천연의 조각품이 공존하는 공간이다. 우리가 시공을 초월한 수천만 년 전 자연의 예술품을 이곳 조각공원에서 함께 만날 수 있다면 천마산은 더 가치 있는 공간으로 남을 것이다.

11 백양산 석회암동굴

성지곡수원지의 동쪽 백양산 자락에 쇠미산이라고도 불리는 피라밋 형태를 띠는 금정봉(397m)이 있다. 이 봉우리는 백악기 호수퇴적층으로 정상 부근에 공룡 발자국이 보이는 넓은 반석이 있고, 그 아래에 천연의 석회암동굴이 형성되어 있다. 이 동굴은 내부로 통하는 몇 군데의 좁은 입구가 있는데, 그 중 가장 큰 통로는 몸을 약간 굽히면 들어갈 수 있다. 동굴 내부는 천장이 높아지고 10평 남짓한 공간이 있으며 계속해서 좁은 굴로 이어져 있다.

이 동굴은 강원도나 경상북도 등지에서 흔히 볼 수 있는 석회암동굴과 같으나, 모암인 석회암의 지질시대와 생성기원은 이들과 전혀 다르다. 강원도 일대의 석회암은 4~5억 년 전 고생대 캄브리아기와 오르도비스기의 따뜻한 바다에서 퇴적된 지층이지만, 금정봉의 석회암은 8천만 년 전 중생대 백악기 동안 호수에서 형성된 퇴적층이다. 호수퇴적층에 형성된 석회암동굴은 세계적으로도 그 예가 많지 않다. 국내에서는 금정봉의 경우가 유일(?)하며, 지금까지 생성과정도 알려져 있지 않다.

석회암 동굴 위에는 층리면이 드러난 넓은 반석이 있다.

동굴 안으로 통하는 좁은 입구가 몇 군데 있다.

동굴 안쪽에는 천장이 높아지고 10평 남짓한 공간이 있으며 계속해서 좁은 굴로 이어진다.

일반적으로 내륙분지에서의 석회암층은 건조기후 토양에서 형성되는 캘크리트(토양이나 퇴적물 내에 함유된 석회질 물질) 또는 석회질 물질이 녹아 있는 온천수에 의해 형성된다. 그 중 온천수에 의한 경우가 드물고 뚜렷한 증거가 확인되지 않아 금정봉의 석회암은 건조기후에서의 토양인 캘크리트층에 의한 것으로 짐작된다.

석회암동굴은 수십만 년 이상의 긴 세월 동안 암석의 틈을 따라 스며든 산성의 지하수가 석회암을 녹여서 만든 것이다. 우리나라에서는 강원도와 충청북도 일부 석회석동굴이 아름다움과 동굴 생성의 신비로움으로 인해 천연기념물로 보호되고 있다.

지금까지 금정봉 석회암동굴에 대한 중요성이 인식되지 못해 방치되고 있지만, 이곳의 8천만 년 전 호수퇴적층과 백악기 석회암동굴은 지질명소로 가치가 높다. 성지곡은 오래전부터 어린이들의 소풍 장소뿐만 아니라 삼림욕장으로 각광받았고, 주말이면 백양산 등산객으로 상당히 붐비는 곳이다. 금정봉의 석회암동굴을 백악기 호수에서 만들어진 퇴적층의 공룡 발자국과 함께 표지판을 세운다면 훌륭한 자연학습장이 될 것으로 생각한다.

12 언양 자수정의 탄생 신비

　　지구상에 존재하는 약 3,900여 종의 광물 중에서 보석으로 이용되는 것은 30여 종이며, 그 중 자수정은 다이아몬드, 에메랄드, 루비, 사파이어와 함께 5대 보석으로 꼽힌다. 자수정은 2월의 탄생석으로 '성실'과 '평화'를 상징하며, 술의 신 바쿠스와 관계된 전설을 지니고 있다. 또한 자수정의 보라색은 귀족을 상징하고 종교계에서는 율법과 금욕을 상징한다.

　　자수정 산지는 한국, 러시아의 시베리아, 우랄 그리고 브라질 등을 꼽을 수 있다. 그 중에 한국산 언양 자수정은 불순물이 적고 자색과 함께 영롱한 붉은빛을 띠고 있어 보석으로 가장 이상적인 색상을 지니고 있다. 언양 자수정(실제로는 울산과 경주의 동곡지역에서도 산출됨)은 1987년 대한민국 국석(보석)으로 지정되었지만 최근까지도 우리들은 그 가치를 잘 알지 못했다. 그러나 외국에서 더 큰 호응을 얻어, 국제 공인기관인 미국의 보석 연구원(G.I.A)에 의해 색상, 경도, 투명도 등에서 세계 최고의 품질로 인정받은 바 있다.

자수정은 다이아몬드, 에메랄드, 루비, 사파이어와 함께 5대 보석으로 꼽힌다. 특히 불순물이 적고 영롱한 붉은빛을 띤 한국산 언양 자수정은 보석으로 가장 이상적인 색상을 지니고 있다.

자수정을 비롯한 수정(광물이름은 석영임)은 지하의 뜨거운 물(열수)로부터 형성된다. 보라색을 띠는 자수정의 색은 결정 내부에 존재하는 불순물에 의해 나타나며, 주로 산화철 이온(Fe^{3+})에 의해 적자색을 띠나 철의 함량과 색의 농도는 항상 일정하지 않다. 자수정은 육방정계의 광물로서 육각형의 분자구조가 완전하여 규칙적인 진동에너지를 형성한다. 최근 자수정에서 원적외선이 다량 방출됨이 알려져 신비의 결정으로 인식되고 있다.

언양 자수정은 6천만 년 전 마그마에서 기원된 물과 수증기가 화강암 내에 갇혀 정동(晶洞, 결정으로 둘러싸인 빈 공간)이 생성되고, 이때 물속에 녹아 있던 규산으로부터 석영(수정) 결정체가 암석 내의 공간에 침전되면서 만들어졌다. 이후, 이 정동 속에 산소가 풍부한 지하수가 스며들어 겨울철에 항아리의 가장자리부터 얼음결정이 생기는 것과 같은 이치로, 먼저 만들어진 수정결정 위에 고깔모자처럼 자색의 영롱한 자수정이 생긴 것이다. 이러한 형태의 자수정은 매우 희귀하여 광물 수집가에게도 인기가 높다.

안압지 발굴유물에서 자수정이 확인되었기 때문에 처음 채취 시기는 신라시대로 추정되고 있다. 일제 강점기 동안 무분별하게 채취되어 지금은 그 자원이 고갈되었으나, 언양 자수정은 후손들에게 물려줄 고귀한 우리의 자연유산으로서 우리나라를 대표하는 자랑스러운 보석이 아닐 수 없다. 더 늦기 전에 자수정 산지를 지질명소로 지정하여 보존하는 방안을 강구해야 할 것이다.

13 언양 자수정의 비밀 지문(指紋)

    보석의 요소는 색, 투명도, 광채를 비롯한 아름다움, 쉽게 긁히거나 부서지지 않는 내구성, 자연계에서의 희귀성 등으로 구분된다. 그 중 색은 보석의 품질과 산지를 구별하는 가장 중요한 기준이다. 보석의 인공적인 개선기술은 보석의 미적가치와 상품성을 높일 수 있어, 보석학의 가장 주요한 연구 분야이다.

    우리나라의 국석(國石)인 언양 자수정은 불순물이 적고 가장 이상적인 색상인 영롱한 붉은빛을 띠고 있어 인기가 높다. 1988년 서울올림픽 때 세계적으로 널리 알려졌으며, 미국의 보석 연구원(G.I.A)에 의해 색상, 경도, 투명도에서 세계 최고의 품질로 인정받고 있다. 한편, 생산량이 많은 브라질산과 러시아산 자수정은 대부분 붉은 색조를 띠지 않기 때문에 언양 자수정에 비해 상품성이 떨어진다. 그러나 최근 색을 개선하는 처리기술이 개발되어 전문적인 지식 없이는 감별이 어려워 수입된 자수정이 언양산으로 거래되는 경우가 많다.

    인간의 혈통과 신원을 확인하기 위해서 외관상의 특징 이외에

보석은 산지별로 고유한 지문을 지니기 때문에 보석산지를 구분하는 중요한 수단이 된다.

혈액형, 지문, 유전자 감식 등의 방법이 이용되는 것처럼 보석의 산지와 인공적인 처리 여부를 감별하는 데는 다양한 과학적 방법이 활용되고 있다. 보석 속에는 미세한 광물, 물과 기체에 의해 형성되는 보석의 내포물이 함유되어 있다. 내포물에 의한 보석의 특징(지문)은 천연석과 인조석이 각각 다르며, 천연산 보석일지라도 산지별로 고유한 지문을 지니기 때문에 보석산지를 구분하는 중요한 수단이 된다.

언양 자수정은 지하 깊숙이 침투한 산소가 많은 지하수로부터 형성되어 자수정 내에 갇혀 있는 물의 수소와 산소의 안정동위원소 값으로 타 산지 것과 구분할 수 있다. 그러나 동위원소 분석은 보석에 손상이 생길 수 있어 손상 없이 감별하기 위해서는 내포물의 특징(지문)을 이용하면 편리하다. 언양 자수정 내에는 표면과 연결된 진홍색의 바늘 형태와 곤충다리 모양의 적철석이 포함되어 있어 아름답고도 신비한 장면을 자아낸다. 이러한 형태의 자철석 내포물은 타 산지에서는 나타나지 않는 드문 현상으로서 언양 자수정만이 갖는 지문에 해당된다.

보석의 내포물은 항상 다르기 때문에 언양 자수정의 아름답고도 신비한 지문은 우리나라 자수정의 고유한 가치를 높이는 요소이다. 대한민국 인삼이 그 특별한 성분으로 인해 국제적인 명성을 얻고 있는 것처럼 국석인 언양 자수정의 가치를 살려서 세계인의 사랑을 받도록 하자.

14 영남알프스는 빙하가 만든 풍경

　　태백산맥 남단부의 가지산을 정점으로 이어진 신불산, 재약산, 영축산과 운문산 일대는 산악인들이 즐겨 찾는 곳으로 유럽의 알프스와 일본의 북알프스 지형을 닮았다고 하여 영남알프스라는 애칭으로 불린다. 영남알프스의 1,000m 이상 높은 산들은 억새풀로 뒤덮인 독특하고 넓은 고산평원과 큰 바윗돌이 많은 계곡들로 구성되어 있다. 이들 계곡은 U자형의 가파른 절벽을 이루고, 공룡능선이라 불리는 긴 바위 능선과 뾰족한 산의 정상은 빙하지형을 연상케 한다.

　　영남알프스는 유럽 알프스나 일본의 북알프스처럼 산이 높지 않으나 빙하지대에서 볼 수 있는 독특한 지형을 지닌 산으로, 이곳 산록에 분포하는 많은 자갈들은 춥고 건조한 환경에서 형성되는 빙하퇴적층의 특징을 보여준다. 우리나라는 백두산과 관모봉 일대, 한라산 및 설악산에서 빙하지형과 빙하 퇴적층의 분포가 알려져 있다. 그 외에도 우리나라의 높은 산기슭에서 흔히 볼 수 있는 큰 바위들은 홍수에 의해 이동되기에는 너무나 크기 때문에 빙하에 의한

태백산맥 남단의 가지산을 정점으로 이어진 신불산, 재약산, 영축산과
운문산 일대를 영남알프스라고 하는데 유럽의 알프스와 일본의 북알프스 지형을
닮았다고 하여 얻은 애칭이다.

것으로 추측되고 있다.

빙하기 동안 우리나라를 포함한 대부분의 온대지방은 얼음으로 덮여 있었다. 미국과 캐나다 전역을 비롯하여 그린란드, 북유럽, 시베리아 등 북극권과 가까운 지역은 대륙 전체가 빙하에 뒤덮였으며, 비록 낮은 위도일지라도 높은 산은 대부분 산악빙하가 있었다. 그러므로 영남알프스의 산악지대도 빙하로 덮여 있었거나 빙하기의 영향으로 빙하지형을 형성하였을 가능성이 높다.

오랜 시간에 걸쳐 빙하가 흐르게 되면 계곡의 옆 부분은 침식되어 깎아지는 절벽을 이루고, 바닥은 무게로 인해 평탄해질 뿐만 아니라 찰흔(빙하에 의해 긁힌 자국)을 남긴다. 빙하와 함께 운반된 큰 바위들은 계곡이나 평지에, '집 잃은 돌'이라는 의미를 지닌 미아석(표이석이라고도 함)으로 남는다. 영남알프스에서 빙하의 흔적은 신불산의 가파른 계곡과 함께 언양의 작천정으로 이어지는 골짜기의 유난히 많은 자갈더미와 미아석(?)에서 짐작할 수 있다. 또 작천정 하천바닥이 운동장처럼 평평한 것도 빙하에 의한 현상이 아닌가 한다.

영남알프스는 국내 다른 낮은 산에서는 보기 힘든 매우 독특한 지형을 지니고 있는 산이다. 정밀한 지질조사에 의해 빙하지형의 여부가 구체적으로 밝혀진다면, 빙하의 역사를 증언하는 더욱 의미 있는 산으로 기억될 것이다.

15 간월산 죽림굴

깊은 협곡과 정상의 억새풀 평원이 어우러진 간월산의 왕방재 고개 아래에는 죽림굴(竹林窟)이라는 작은 동굴이 있다. 이 굴은 조선시대 천주교에 대한 박해가 심할 때 관아의 눈길을 피해 교인들이 물에 불린 곡식으로 생식을 하며 숨어 지냈던 곳이다. 천주교 성지(聖地)인 이 굴은 광산이나 인위적인 개발의 흔적이 없는 천연동굴로 허리를 굽혀 입구를 들어서면 천장이 2m 정도 되는 20평 남짓한 경사진 공간을 만날 수 있다.

죽림굴의 벽면은 낮은 경사를 갖는 단층면을 따라 암석이 심하게 깨져 있거나 각진 자갈로 채워져 있으며, 바닥이 매우 울퉁불퉁하고 불규칙한데 비해 천장은 누군가 다듬어놓은 듯 평평하다. 이굴은 해안에서 흔히 볼 수 있는 해식(파식)동굴이나 석회암의 용해로 만들어진 석회암동굴과 전혀 다른 것이다. 간월산의 구성암석이 화산암이라서 제주도 만장굴과 같은 용암동굴일 가능성이 있으나 굴 내부가 불규칙하고 납작한 형태를 지니고 있어 보통 원통 형태를 갖는 용암동굴과 다르다. 그래서 지금까지 그 생성원인에 대한

조선시대 천주교 박해가 심할 때 교인들이 물에 불린 곡식으로 생식을 하며 숨어 지냈던 죽림굴. 천연동굴로 천장이 2m 정도 되며 20평 남짓한 너른 공간이 있다.

궁금증은 많았으나, 특이한 지질작용의 결과로 추측될 뿐, 구체적으로 성인이 알려져 있지는 않다.

빙하기 동안 대부분의 온대지방이 얼음으로 덮여 있었던 것처럼 1,000m가 넘는 언양의 간월산도 빙하로 덮여 있었을 것으로 짐작된다. 간월산은 마지막 빙하기인 신생대 홍적세(12만 5천 년 전) 동안 윗부분에 두껍게 덮여 있던 빙하(얼음)가 그 무게를 견디지 못해 거대한 돌들과 함께 산 아래로 이동하고, 이때 겹쳐진 바위 밑의 빈 공간이 죽림굴이 된 것으로 추정된다.

이것은 마치 기와가 지붕 꼭대기에서 아래로 미끄러져 내려올 때 기와와 기와 사이에 틈이 생기는 것과 같은 이치로, 산 위에서 거대한 바위가 무게를 이기지 못해 아래로 미끄러질 때 밑에 있던 암석과의 사이에 공간이 생겼을 것이다. 이러한 이유로 굴 벽면의 천정은 산의 경사를 따라 밀려 내려오는 동안 심한 마찰로 인해 미끈한 단층면을 이루지만, 이동이 정지된 후 아래에 불규칙한 틈과 바닥이 생겼을 것이다. 죽림굴은 우리나라에서 그 유래를 다시 보기 힘든 희귀한 동굴이다. 정확한 생성원인을 밝혀 영남알프스가 간직한 빙하(?)의 역사와 함께 기억되어야 할 것이다.

정족산의 산지습지

습지는 늪이나 소택지와 같이 오랜 시간에 걸쳐 다양한 생명체의 균형이 유지된 고유한 생태계를 지닌 곳이다. 산지습지(고층습지)도 항상 지하수와 빗물이 고여 있어 저지대나 해안습지와 마찬가지로 식물의 성장이 빠르고 풍부한 식생을 이루며, 바닥에는 낙엽과 같은 식물의 잔해가 쌓여 이탄층이 형성된다. 또 산지습지는 생태적 보전가치뿐만 아니라 고생태나 고기후 연구를 위한 학술적 가치를 지니기 때문에 중요성이 크게 인식되고 있다.

현재 우리나라에는 생태계 보존지역으로 지정된 울주군의 정족산 무제치늪을 비롯하여 강원도 양구군 대암산 용늪, 부산 근교의 천성산 화엄늪, 재약산 칙밭늪, 화왕산 용지, 신불산 고산습지 등 많은 곳에서 산지습지가 확인되고 있다. 또 부산의 금정산에도 크고 작은 수많은 습지가 분포한다.

산지습지는 식물의 잔해에 의한 이탄층과 각종 유기물의 분해 과정에서 형성된 유기산에 의해 하부 암석이 투수성이 낮은 점토층을 형성함으로써 비록 산의 정상부에 있는 경우라도 물이 잘 빠지지 않는 특징을 지닌다. 특히 정족산이나 천성산, 재약산 경우처럼 화산암지대는 점토층의 형성이 용이하여 습지가 더 잘 조성된다.

금정산과 같이 투수성이 높은 마사토로 덮여 있는 화강암지대에서도 습지가 형성되는 것은 식물잔해에 의한 이탄과 점토에 의한 불투수층이 형성되기 때문이다. 이것은 산골짜기의 계단식 논이 엉성한 돌 축대에도 불구하고 물이 잘 빠지지 않는 것과 같은 이치이다.

현재 인류가 의존하고 있는 화석연료의 대부분이 고생대 석탄기 때 습지에서 형성된 것(석탄층)이며, 경남 하동과 산청지역에는 지질시대의 습지에서 형성된 점토층이 오늘날 고령토 광산으로 개발되고 있다. 한편, 미국 조지아 주 열대 우림지역의 습지에서 형성된 점토층은 세계적인 브랜드인 조지아 클레이(점토)를 탄생시켰다.

산지습지는 그 생성기원의 특이성으로 인해 하부에 단층과 절리 등 지질구조가 형성되어 있더라도 외부의 영향에 의해서는 물이 하부로 잘 빠지지 않는다. 그러나 습지 불투수층의 두께는 매우 얇기 때문에 습지 내에서 간단한 굴착이나 시추조사에도 쉽게 파괴될 수 있다. 습지의 형성은 대부분 고립된 수계에 의한 것으로서 그 균형이 깨어진다면 더 이상 존속할 수 없게 된다. 산지습지의 생성과정과 특성에 대한 더 과학적인 연구를 통하여 소중한 습지의 생태자원이 사라지지 않도록 유의해야 할 것이다.

16 진해 시루봉

　진해 시루봉은 조선시대까지 산신제를 올리던 곳으로, 장복산 (582m)으로 이어지는 능선은 인기 있는 등산코스이다. 떡을 빚을 때 쓰는 시루 모양을 한 화산암으로 된 커다란 바위봉우리로 되어 있다. 이 봉우리는 주변의 다른 봉우리들이 주상절리(柱狀節理, columnar joint)를 이루는 것과는 대조적으로 주상절리가 없고, 퇴적암의 층리 같은 수평의 평행한 줄무늬를 갖는 매우 특이한 구조의 암석이다. 시루봉 아래에 해군이 흰색으로 해, 병, 혼이라는 큰 글자를 새겨두어, 멀리 진해시내에서도 보인다.

　경남 진해지역의 지질은 경상누층군의 진동층에 속하는 퇴적암을 바닥으로 하며, 강력한 화산폭발에 의한 화산쇄설물과 간간이 흘러나온 용암층이 끼어 있다. 진해시는 수천만 년 전 백악기 화산활동으로 형성된 장복산을 중심으로 웅산, 시루봉, 천자봉 등이 병풍처럼 이어지는 환상구조(環狀構造)의 분지지형을 이루고 있다. 이러한 봉우리들은 화산분출로 인해 다량의 용암이 빠져나가 지하에 생긴 빈 공간이 그 위에 놓인 암석의 무게를 견디지 못

조선시대까지 산신제를 올리던 시루봉.
떡을 빚을 때 쓰는 시루 모양을 한 커다란 바위의 시루봉은
주변 다른 봉우리들이 주상절리를 이루는 것과는 달리 퇴적암의 층리 같은 수평의
평행한 줄무늬를 갖는 매우 특이한 구조의 암석이다.

하여 둥근 형태로 함몰된 후, 이때 생긴 틈(지질학에서 콜드론이라 함)을 따라 올라온 용암에 의해 형성된 것으로 알려져 있다. 이 환상구조는 인공위성 사진에서도 그 자취가 뚜렷이 확인되며, 산의 능선에서는 화산이 폭발할 때 형성되는 용암의 통로로서 사람의 목 모양을 갖는 암경(岩頸)이나 암맥을 관찰할 수 있다.

시루봉은 안산암으로 이루어져 있고, 대규모의 용암이 분출되어 생겼다. 아마도 현재의 봉우리 형태는 용암이 흘러나올 때 급히 식어 틈이 많은 바깥부분으로 오랜 세월 침식을 겪어, 산의 기슭 쪽으로 무너지고 가운데 치밀한 부분만 남아 산의 꼭대기를 이루고 있는 것으로 생각된다. 한편 시루봉의 정교한 수평절리는 시루봉을 형성한 용암이 식을 때 부피가 감소되어 만들어진 냉각절리로 짐작될 뿐 생성원인은 구체적으로 알려져 있지 않다.

규모의 차이는 있지만 미국 와이오밍 동북부에 있는 악마의 탑(Devils Tower)은 시루봉과 같은 지질학적 특징을 지니고 있다. 악마의 탑은 화산암으로 된 수직바위의 높이가 무려 300여 미터나 되어 이 바위를 보기 위해 세계 도처에서 관광객이 몰려든다. 자연이 빚어놓은 시루봉의 신비한 생성기원을 명확하게 밝혀 이곳이 지질명소로 오랫동안 보존되길 바란다.

17 고성의 수석(壽石) - 용석(龍石)

　　공룡의 땅, 경상남도 고성은 중생대 백악기 때 호수퇴적층이 분포하던 지역이다. 최근 공룡 엑스포가 개최되어 명실공이 세계적인 공룡유적지로 자리매김되고 있다. 우리나라 공룡시대의 기후는 온난하고 건조한 가운데 건기와 우기가 반복되는 환경이었던 것으로 추정된다. 간간히 홍수로 인해 호수의 물이 불어나고, 또 뒤이어 가뭄이 계속되면 주변 평원에 살던 공룡들이 갈증을 견디지 못해 물을 먹거나 진흙목욕을 즐기러 새끼공룡들과 함께 호수를 찾았을 것이다. 그때의 흔적이 오늘날까지 퇴적층에 보존되어 수많은 공룡 발자국 화석을 남겼다.

　　공룡시대의 홍수 때 퇴적된 모래와 진흙은 오랜 가뭄으로 인해 호수바닥이 드러나면서 석회질 퇴적층으로 변하였다. 그런데 공룡시대의 석회질 암석이 오늘날 수석수집가들이 애호하는 '고성용석'이 되었다는 사실은 잘 알려져 있지 않다.

　　'고성용석'은 배둔리 하천에서 처음 탐석되었으며, 인근 야산과 충무의 바다 밑에서만 나는 우리나라 특유의 수석으로, 최근에

고성용석은 공룡시대의 석회질 암석이 변해 만들어졌다.
고성의 야산과 충무의 바다 밑에서만 나는 우리나라 특유의 수석으로
산수화와 같은 경치를 자아내어 수석애호가들에게 인기가 좋다.

는 주변의 산에서만 드물게 발견된다. '고성용석'은 산수경석(山水景石, 산수화와 같은 경치를 자아내는 수석)으로, '땅 속에서 파낸 수석'이라는 의미의 토중석(土中石)의 일종으로 강이나 하천에서 흔히 탐석되는 일반적인 수석과는 다르다.

고성용석의 원석은 석회질 암석 외부에 변질된 암석과 흙이 붙어 있어 그 속돌의 형상을 추측하기 어려우나, 손질을 거친 후 생김새는 마치 한 폭의 산수 동양화를 보는 듯하고, 금강산을 옮겨놓은

것과 같은 신비로움을 자아낸다. 또 깊은 골짜기와 수평층리를 보이는 봉우리들은 미국의 국립공원인 그랜드캐넌을 닮았다.

고성의 수석은 지질시대(중생대 백악기)에 퇴적된 석회질 퇴적암(진동층)이 지열로 인해 변질되고, 지표근처에서 암석의 깨진 틈과 층리면을 따라 산성의 지하수가 스며들어 석회암이 차별용해되어 만들어진 것이다. '고성용석'은 8천만 년 전 공룡시대 지층이 지하수와의 신비한 조화로 빚어낸 천연의 걸작품으로, 그동안 무분별한 채취로 인해 수석자원이 고갈되어 지금은 찾기가 쉽지 않다. 이제라도 그 중요성을 인정하고 보존하여야 할 것이다.

18 신비한 돌의 땅-밀양

경남 밀양은 돌에 얽힌 신비를 많이 간직한 지역이다. 천연기념물인 얼음골을 비롯하여 땀 흘리는 비석으로 잘 알려져 있는 무안의 표충비, 수많은 물고기가 돌로 변했다는 전설을 지닌 삼랑진의 만어산(萬魚山) 돌서렁이 그것이다.

밀양 얼음골은 옛날부터 경상도에 속한 강원도라 불릴 만큼 겨울이 추운 곳이다. 북쪽의 돌밭(돌서렁)을 제외하고는 삼면이 모두 절벽으로 둘러싸여 햇볕이 잘 들지 않는 좁은 골짜기이다. 얼음골은 신비롭게도 겨울엔 돌 틈에서 따뜻한 공기가 뿜어 나와 얼음이 얼지 않으며, 오히려 따뜻한 5월부터 7월에 바위틈 아래에 고드름과 같은 얼음이 맺힌다. 이는 겨울철 차가운 공기가 얼음골의 두꺼운 돌서렁 속에 저장되었다가, 봄철에 바위틈을 따라 나올 때 그 냉기에 얼음이 맺히는 것으로 알려져 있다. 냉동실에 장시간 넣어둔 돌을 꺼내면, 상당 시간 동안 암석표면에 서리가 생기는 것과 같은 이치로 설명될 수 있다.

만어산은 옛적 용궁의 왕자와 함께 온 수만 마리의 고기떼가

땀 흘리는 비석으로 잘 알려져 있는 무안의 표충비.
표충비는 열전도가 낮은 휘록암으로 표면이 유리처럼 매끈하여 겨울철 실내와 바깥 공기의
온도차로 인해 유리창에 이슬이 맺히는 결로 현상이 땀이 나는 것으로 설명되고 있다.

암석으로 변한 것이라는 설화가 담긴 곳으로 물고기 형상의 수많은
바위들이 계곡과 능선에 쌓여 있는 돌서렁이다. 이곳의 돌을 두드
리면 맑은 쇳소리나 종소리가 나는데, 이것은 만어산 돌이 뜨거운
용암이 갑자기 식어서 만들어진 치밀한 유리질 암석이기 때문이다.

한편, 사명대사비로도 알려진 표충비는 비석 몸체에 물방울이
맺혀 사람의 이마에서 땀을 흘리는 모습으로 비유되고 있다. 이에
반해 비석의 덮개인 비개석(碑蓋石)과 바닥의 기단석(基壇石)에는
물방울이 잘 생기지 않아 궁금하게 생각되어 왔다. 표충비는 열전
도가 낮은 휘록암(?)으로 표면이 유리처럼 매끈하여 겨울철 실내와

바깥 공기의 온도차로 인해 유리창에 이슬이 맺히는 결로 현상에 의해 땀(?)이 나는 것으로 설명되고 있다. 반면에 표면이 거친 화강암으로 만들어진 옥개석과 기단석은 수천 년에 걸친 풍화로 인해 구성 광물이 점토화되어 흙벽처럼 물방울이 잘 형성되지 않는 것으로 짐작된다.

밀양의 돌에 얽힌 신비에 대하여 자연과학의 현상으로 설명되고 있지만, 모든 의문을 해명하기엔 충분치 않다. 조물주가 남겨준 자연의 경이로움에 감사하고 소중히 여기게 되는 것도 이 때문일는지 모르겠다.

19 청송의 다양한 꽃돌

　'청송 꽃돌'은 지질학에서 구과상 유문암이라는 암석으로, 그형태가 다양하고 아름다우며 매우 희귀하여 오랫동안 지질학자와 수석 애호가들에게 관심의 대상이 되어왔다. 청송 꽃돌이 갖는 다양한 형태와 아름다운 색은 세계적으로 그 예를 찾기 어렵다. 청송 꽃돌은 수석업자들에 의해 국화, 매화, 목단, 장미, 해바라기, 민들레, 카네이션, 다알리아 등 수십 종류로 분류된다. 국화와 매화무늬는 빼어난 동양화를 보는 듯하고, 해바라기와 장미는 고호의 그림에서 느낄 수 있는 강렬함을 자아낸다. 또한 어두운 바탕에 흰 꽃들은 정교한 판화를 연상시킨다.

　꽃돌은 주로 흑요석, 피치스톤과 같은 유리질 화산암에서 형성되는데, 청송 꽃돌은 약 5천만 년 전 퇴적암 내 틈을 따라 관입한 암맥에서 산출된다. 꽃무늬는 산성의 용암이 지표 얕은 곳까지 올라와 빠르게 냉각될 때 형성되는 것으로 알려져 있으나 청송 꽃돌의 경우 다른 꽃돌에 비해 매우 다양한 구상조직을 갖고 그 형성과정이 구체적으로 규명되지 않은 신비스러운 돌이다.

청송 꽃돌의 다양한 형태와 아름다운 색은 세계적으로 그 예를 찾기 어렵다.
국화, 매화, 목단, 장미, 해바라기, 민들레, 카네이션, 다알리아 등 수십 종의 화려하고
다양한 꽃문양은 감탄을 자아내게 한다.

마그마가 천천히 식을 경우 각 단계의 온도에 맞는 결정이 만들어지지만, 빠르게 식을 경우 과포화되며 일부 광물들이 성분이 잘 공급되는 방향으로 빠른 속도로 성장하여 꽃무늬 섬유상 광물이 형성된다. 청송 꽃돌은 암맥의 상부, 즉 지표면 근처에서 꽃무늬가 다양하고 정교해진다. 이것은 마그마에서 빠져나온 수증기를 비롯한 기체가 상부에 갇혀서 기포를 형성하고 응결되어 외각에서부터 내부로 결정화되었기 때문이다. 그 결과 상대적으로 냉각이 느린 중앙부에 꽃무늬가 형성되며, 해바라기무늬는 바깥 부분에서 안쪽으로 연속적으로 광물이 형성되어 만들어지는 것으로 짐작되고 있다.

　　'청송 꽃돌'의 화려한 꽃무늬는 5천만 년 전 마그마의 신비한 조화가 빚어낸 천연의 걸작품으로 어떤 예술가도 흉내내지 못하는 아름다움을 지닌다. 상감이 새겨진 청자보다도 정교하고 다양한 꽃문양은 절로 감탄을 자아낸다. 청송지역의 구과상 유문암은 그 희귀성과 아름다운 무늬로 보존가치가 매우 높다고 해야 할 것이다.

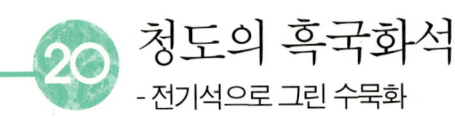

청도의 흑국화석
- 전기석으로 그린 수묵화

청도의 흑국화석(꽃돌)은 경남 밀양의 강가에서 처음 발견되었으나 상류의 탐색으로 화악산의 한재 중턱에서 그 산지가 확인되었다. 이 꽃돌은 수천만 년 전 중생대 백악기 때 지하 깊은 곳의 열수에 의해 변질된 백색바탕에 흑색의 전기석 결정이 꽃무늬 모양으로 박혀 있다. 수석 애호가에 의해 흑국화석으로 불리며, 기장의 장안천에서 탐석되던 수석과 같은 종류이다. 이 꽃돌은 전기석(電氣石, Tourmaline) 결정에 의한 무늬가 마치 화선지에 그린 국화꽃 수묵화처럼 보이는 희귀한 암석이다.

전기석(붕소를 함유하는 특정 규산염광물 그룹에 대한 총칭)에 의한 흑국화석 꽃돌은 열수변질작용에 의해 형성된다. 흑국화석 꽃돌은 점성이 높은 용암이 서로 다른 냉각 속도에 의해 과냉각될 때 형성되는 부산의 장산, 청송, 원동 일대에서 산출되는 매화석, 해바라기석, 장미석과 그 생성기원이 전혀 다른 꽃돌이다.

전기석은 1700년대 초 처음 발견되었으며, 색이 다양하고 아름답기 때문에 보석 애호가들에게 인기가 높은 10월의 탄생석이다.

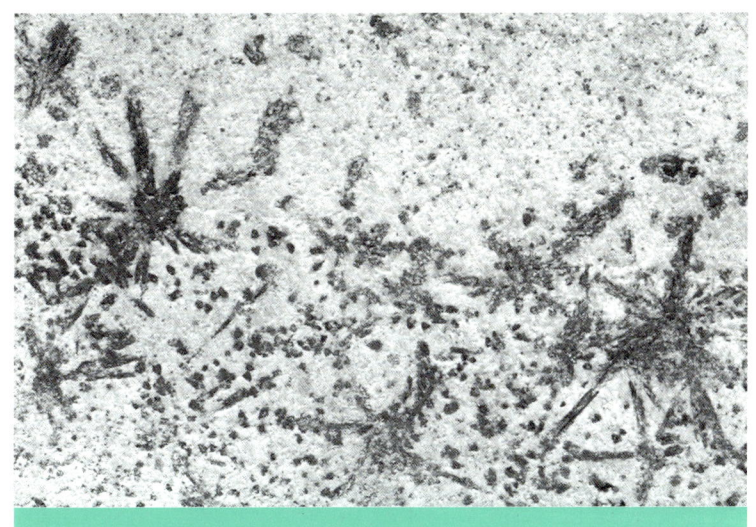

전기석 결정에 의한 무늬가 마치 화선지에 그린 국화꽃 수묵화처럼 보인다.

전기석 중에서 루비처럼 붉은색을 띠는 루벨라이트는 매우 희귀하여 가치가 높다. 우리나라에서 나는 전기석은 주로 검은색으로 남한에서는 청도의 한재와 남산, 기장군의 일광광산, 청도, 경산, 무주와 춘천의 페그마타이트 맥 등 화성암체에 수반되어 산출된다.

전기석은 미립으로 분쇄하거나 높은 압력을 가하더라도 그 성질이 바뀌지 않으며, 비교적 원적외선 방사율이 높다. 또한 철, 마그네슘, 망간과 같은 주성분 함량의 차이에 따라 물리적 특성이 달라지며, 결정의 양전극(+)에서 대기 중의 음이온을 흡수한 후 음전극(-)에서 방출하여 약한 전기가 발생한다. 이러한 물리적인 성질로 인해 옥 광물과 함께 약으로 쓰는 돌(의료광물)로 다양하게 활용되고 있다.

　최근 전기석을 이용한 음이온 팔찌를 비롯하여, 다양한 건강용품이 개발되어 시판되고 있다. 전기석 팔찌는 체온에 의해 전기가 발생할 뿐만 아니라, 수분과의 반응에서 음이온을 생성함으로서 몸이 산성화되는 것을 막고 혈액순환을 원활하게 하는 것으로 알려져 있으나 이에 대한 과학적 증거는 분명치 않다.

　청도의 흑국화석은 수천만 년 전 대자연이 전기석으로 그린 수묵화이다. 이 돌은 다양한 꽃무늬를 갖는 수석으로서의 아름다움뿐만 아니라, 전기석 광물자체에 대한 의료광물학적 효능이 주장되면서 관심이 높아져 현재 원석자원이 고갈될 지경에 이르렀다. 청도의 전기석 꽃돌이 무한한 자원이 아님을 상기해야 할 것이다.

21 경주 양남의 누워 있는 주상절리

제주의 대표적인 볼거리로 중문지역 대포동 해안에 있는 신생대 제4기 현무암 주상절리를 꼽는다. 중문 해안은 누군가 성냥개비를 빼곡하게 세워놓은 것 같은 육각의 현무암 돌기둥들이 병풍처럼 펼쳐져 장관을 이루는 지질명소로 언제나 관광객으로 붐빈다. 이곳을 찾는 관광객들은 웅장한 육각 돌기둥을 보고 자연적으로 형성된 것으로 상상하기 어려워 누가 이런 정교한 돌기둥을 해안에 쌓았느냐고 묻곤 한다.

그런데 제주도와 같은 화산섬에서나 볼 수 있는 주상절리가 부산에서 그리 멀지 않은 경주 양남에도 있다는 것을 아는 사람은 많지 않다. 양남의 해변에는 10m가 넘는 정교한 돌기둥들이 고대 희랍의 신전 기둥처럼 줄지어 서 있는가 하면, 원목을 포개어 놓은 것 같은 형상의 누워 있는 주상절리(와상절리(?))가 함께 있어 보는 이로 하여금 더욱 신비감을 자아낸다.

일반적으로 주상절리는 현무암질 용암류에 나타나는 기둥 모양의 수직절리로서 용암이 급격히 식으면서 생긴다. 용암이 지표로

10m가 넘는 정교한 돌기둥들이 고대 희랍의 신전 기둥처럼 줄지어 서 있는가 하면,
원목을 포개어 놓은 것 같은 형상의 누워 있는 주상절리는 경주 양남에서만 발견되는
특이한 형상이다.

흘러나와 식는 동안에 부피가 수축되고, 이때 암석 서로 간에 잡아당기는 힘이 생겨 육각이나 오각의 규칙적인 절리(틈)가 생기는데 보통 수직의 기둥을 형성한다.

경주 양남의 누워 있는 주상절리는 용암이 낮은 지대에 고여서 용암호수(lava pond)를 이루고, 상대적으로 빨리 식는 바닥부분과 윗부분에 비해 식는 속도가 느린 내부가 먼저 고결된 상부의 암석에 의한 무게로 인해 압력과 온도 차이 등 다른 물리적인 성질을 갖게 됨에 따라 절리의 방향이 휘는 엔타블러처(entablature)로 짐작된다. 그러나 일반적으로 엔타블러처가 용암의 표면과 바닥으로부터 만들어진 주상절리가 서로 만나는 중간부분에서 완만하게 휘어지는 데 비해, 양남의 주상절리는 수직과 수평방향의 절리가 함께 산출될 뿐만 아니라 부분적으로 U자 형상을 갖는 보기 드문 현상으로 그 성인이 알려져 있지 않은 경우이다.

제주도 중문과 경기도 전곡 등의 신생대 현무암에서 다소 기울어진 주상절리가 관찰되나, 누워 있는 주상절리는 경주 양남에서만 확인되는 특이한 지질현상이다. 이 누워 있는 주상절리는 수천만년 전 용암이 만든 신비한 대자연의 건축물(?)이다. 그 생성원인을 규명하여 신비한 대자연의 섭리를 알 수 있었으면 한다.

공룡시대의 바위들

-용호동과 용당동

황령산 줄기가 부산만으로 이어진 작은 반도의 남단에는 용이라는 지명이 많다. 용호동과 용당동, 그리고 비룡산 등이 그것들인데 모두 용이 살던 못이 있어서 붙여진 지명이라고 전해진다. 실제로 이곳은 그야말로 8천만 년 전 백악기 공룡시대의 호수지역이다. 인근에 있는 황령산과 태종대의 호수퇴적층이 잘 알려져 있고, 신선대 봉우리와 이기대의 화산기원 퇴적층에는 한때 공룡 발자국 화석의 진위 여부가 논란을 가져왔던 곳이다.

지명 유래가 어찌 되었든 간에 묘하게도 지질역사와 오늘날의 지명이 잘 일치하는 것은 흥미로운 일이다. 공룡시대의 땅인 이기대, 신선대, 오륙도는 바다와 자연이 함께 어우러진 부산의 숨어 있는 비경이다. 용이 거닐던 호수변의 화산퇴적층에는 공룡 발자국 같은 흔적이 남아 있고, 강력한 화산폭발로 형성된 지층은 파도의 침식에 의해 발달된 해식애(절벽)와 해식동굴로 천혜의 절경을 이루고 있다.

용호동 동쪽에 위치한 이기대 바닷가 산기슭에는 소라고둥과

용호동 이기대 해안의
경사진 지층(위)과
차별 침식에 의해 공룡
발자국 형태와 유사한
암석 표면(왼쪽과 아래).

어린아이 손바닥 크기의 굴 껍데기가 섞여 있는 패총인 조개더미가 흩어져 있다. 해안이 비스듬히 기울어진 지층은 물속으로 수백 미터 연장된다. 그 외에도 화산암 층리면이 장관을 이루고 해안 절벽에는 화산각력암으로 된 부처 모양의 바위가 경이롭다.

한편, 용호동 끝 남동쪽의 바위섬 오륙도는 한국의 관문이자 부산의 상징이다. 이 섬들은 지질 특성이 같은 화산암으로 12만 년 전 빙하기까지는 작은 반도였던 것이 유구한 세월 동안 거센 파도의 침식작용으로 육지에서 분리된 것이다. 오륙도라는 이름은 허리 아래가 한 몸체인 방패섬과 솔섬의 수위가 높아질 때 두 섬으로 분리됨에 따라 붙여진 이름이다.

이기대에는 1970년대 말까지 금과 구리를 캐던 광산이 있었으며 지금도 화약과 광석을 운반하던 수직 갱도와 선착장의 흔적을 찾아볼 수 있다. 이 광산은 구리의 함량이 매우 높은 특이한 유형의 광상으로서 지질학적 연구가치가 높다.

이기대 일대는 현재 공원으로 조성되어 휴식공간과 약수터를 찾는 사람이 많아지고 있다. 그러나 공원 안에 있는 폐석더미와 슬래그 매립장에서 중금속이 검출될 수 있어 지하수 이용에 주의가 요구된다. 공룡시대 바위들과 대규모 화산폭발의 역사가 함께 숨쉬는 용호동 해안이 부산시민들이 쾌적하게 즐길 수 있는 공간으로 탈바꿈되고 있는 모습을 바라보는 일은 흐뭇한 일이 아닐 수 없다.

23 송도의 암남공원
- 공룡시대의 사막

    부산 송도의 암남공원은 푸른 바다와 울창한 숲이 어우러져 보석처럼 아름다운 풍경을 지닌 곳이다. 마치 시루떡을 잘라놓은 것 같은 해안절벽은 특이한 붉은색의 퇴적암층이 수 km에 걸쳐 펼쳐져 있어 더욱 장관을 이룬다. 이곳은 백악기 때 호수로 이어지는 강이 흐르던 건조한 평원지대로, 최근 공룡 골격 화석과 알껍질 화석이 발견된 지역이다.

    암남공원 일대는 지질학적으로 '다대포층'이라 불리는 퇴적암으로 이루어져 있으며, 지층의 두께는 1천m에 이른다. 퇴적층 내에는 독특한 형태의 석회질로 된 캘크리트층이 발달되어 있다. 백악기의 캘크리트층은 공룡 화석이 발견된 토양층으로 당시의 고기후와 고환경 연구에 매우 중요한 기록체이다.

    지금까지 알려진 우리나라 공룡 화석은 부산의 송도를 비롯하여, 경북 의성과 군위, 경남 하동, 진주, 사천 등 모두 범람원 지역의 고토양층에서 발견되었다. 이는 홍수시 이동된 공룡 골격이 하천 범람원 퇴적물과 함께 묻힌 후, 뒤이은 건기 동안 석회질(알칼리성)

시루떡을 잘라놓은 것 같은 해안절벽.
암남공원 일대는 지질학적으로 '다대포층' 이라 불리는 퇴적암으로 이루어져 있으며
퇴적층 내에는 독특한 형태의 캘크리트층이 발달되어 있다.

토양이 형성됨으로서 골격이 분해되지 않고 보존될 수 있었기 때문이다.

암남공원의 다대포층이 퇴적될 때의 기후는 전반적으로 온난하고 건조한 가운데 건기와 우기가 반복되는 환경이었다. 오랜 가뭄 동안 오늘날 암남공원 해안에서 보는 석회질과 붉은 퇴적층이 형성되었다. 그때의 광경은 오늘날 미국 서부처럼 온통 붉은색 토양으로 뒤덮여 있는 사막과 같은 모습이었을 것이라 짐작된다.

건기 동안 호수의 물이 마르면서 호수 가장자리에서 소금과 석고가 침전되었고, 그나마 식생이 빈약한 평원이 건조한 기후로 인해 화재로 휩싸였으며, 그 흔적이 오늘날 화석으로 남아 있다. 이와 같은 기후특성이 백악기 지층에서 초식공룡 화석이 발견됨에도 불구하고 식물 화석과 동물 화석의 산출이 매우 드문 이유이기도 하다.

암남공원의 붉은 퇴적층은 공룡시대 부산의 지질역사를 보존하고 있는 지질명소이기도 하지만, 동시에 이 암석에서 우리는 우리나라 공룡시대인 백악기의 기후와 고환경을 엿볼 수 있었다는 점에서 의미 있다고 하겠다.

24 전남 여수 거북바위

전남 여수의 해안은 최근 길이 84m의 공룡 발자국 자취를 비롯하여 3천500여 점에 달하는 국내 최대 규모의 공룡 발자국 화석이 발견되면서 관심이 높아진 지역이다. 그리고 남쪽 끝 금오산이 거북의 형상을 쏙 빼어 닮은 데다가 산 정상부의 암자(향일암) 주변의 크고 작은 바위는 다양한 거북등무늬 모양을 하고 있어, 보는 이의 감탄을 자아낸다. 그래서 이 암자는 '신령스러운 거북'이라는 의미의 영구암(靈龜庵)으로 불리기도 한다.

금오산 동쪽은 거북이 바다 속으로 들어가는 형상으로 향일암 앞의 야트막한 봉우리가 거북의 머리이고, 향일암이 위치한 곳은 몸체에 해당된다. 그래서인지 이곳에 전해오는 금 거북의 전설은 거북 형상의 산세와 거북등무늬 바위들이 함께 어우러져 더욱 그럴 듯하게 들린다.

거북등무늬는 용암이 냉각되는 과정에서 체적이 줄어 육각이나 오각형의 기둥(주상절리)이 생긴 것이다. 지질학적 용어로 튜뮬러스(Tumulus)라는 화산암에서 만들어진다. 점성이 낮은 용암이

거북등무늬 바위
용암이 냉각되는 과정
에서 체적이 줄어 육
각이나 오각형의 기둥
(주상절리)이 생긴다.

흐를 때 표면은 빨리 식어 굳은 다음, 내부의 압력으로 인해 표면이 빵 껍질처럼 부풀어 올라 거북등의 형상으로 갈라져 생기는 것으로, 거북등무늬절리로도 불린다.

퇴적암에서 흔히 생기는 건열(乾裂)구조(가뭄 때 논바닥이 갈라진 모양)나 경남 일광과 좌천 등지에서 탐석되는 거북등 문양의 수석(壽石)인 귀갑석(龜甲石)과 달리 여수의 거북등 바위는 용암이 냉각되어 생성되었다는 차이점을 지니고 있다.

주상절리는 제주도 대포동과 경기도 전곡 등의 신생대 현무암에서 흔히 관찰된다. 그러나 중생대 화산암에서 거북등무늬가 관찰되는 것은 매우 드물고, 그 정교함과 다양함은 여수의 것이 최고이다. 거북 형상의 산세와 어우러진 여수 향일암 거북등무늬 바위는 수천만 년 전 백악기 때 화산용암이 만든 대자연의 경이로운 조각품이다. 빼어난 여수의 해안풍경과 함께 거북바위의 신비가 깃든 곳을 한 번 방문하는 것도 좋을 듯하다.

25 대포동 주상절리(지삿개)

　　제주도는 흔히 미국의 하와이 화산섬과 비교되는 우리나라의 가장 유명한 관광명소로, 지질학적으로 가장 최근인 제4기의 화산활동으로 형성된 섬이다. 화산섬은 오늘날 겉으로 보이는 그 자체가 아닌 수백만 년 전 불기둥이 솟고 뜨거운 용암이 뿜어 나와 된 것으로 곳곳에 신비한 비경과 비밀을 간직하고 있다. 약 170만 년 전부터 100만 년 동안 활발한 화산분출이 시작되어 최근 4,000년 전까지 수백 번이 넘는 용암이 분출하여 지금의 제주도를 만들었다.

　　제주에서 화산과 용암이 만든 가장 정교하고 아름다운 조각이며 대표적인 볼거리는 현무암의 주상절리이다. 곳곳에 정교한 돌기둥들이 고대 희랍의 신전 기둥처럼 줄지어 서 있는가 하면, 인근에는 원목을 포개어놓은 것 같은 형상의 누워 있는 주상절리가 함께 있어 보는 이로 하여금 더욱 신비감을 자아낸다. 특히, 중문 해안은 30m가 넘는 육각의 현무암 돌기둥들이 병풍처럼 펼쳐져 장관을 이루는 지질명소로 언제나 관광객으로 붐빈다.

　　제주에는 한라산 백록담을 이루는 대규모 분화구 이외에도

300개가 넘는 많은 기생화산과 바다 속에서 뜨거운 용암이 폭발하여 차가운 물과 만나면서 만들어진 일출봉 등이 경이로운 풍경을 자아낸다. 특히 서귀포시 대포동 해안에는 '지삿개' 또는 '모시기정'이라고도 불리는 주상절리가 절경을 이루고 있으며, 2005년 1월 6일 천연기념물 제443호로 지정되었다.

용암(鎔巖, lava)은 지하 깊은 곳에 존재하던 마그마가 화산활동에 의해 유동체 또는 반유동체로 지표에 분출되거나 급히 냉각되어 생긴 화산암을 일컫는다. 용암은 온도와 성분에 따라 지표에서 다양한 형태와 모양을 이룬다. 온도가 높고 물과 같이 낮은 점성을 갖는 파호이호이(Pahoehoe) 용암과 낮은 온도의 점성이 높은 아아(Aa) 용암으로 구분된다.

파호이호이 용암은 주로 평탄한 지형을 이루며, 표면이 먼저 굳고 내부가 물과 같이 흘러내리면 제주의 만장굴과 같은 용암동굴을 형성하기도 한다. 이에 반해 아아 용암은 거친 표면의 클링커(Clinker)층을 형성하여 제주의 용두암과 같은 형상을 만든다.

일반적으로 현무암질 용암은 급격히 식으면서 기둥 모양의 수직절리가 생기는데, 용암이 지표로 흘러나와 식는 동안에 부피가 수축되고, 이때 암석 서로 간에 잡아당기는 힘으로 육각이나 오각의 규칙적인 절리(틈)가 생기는데 보통 수직의 기둥을 형성한다. 주상절리는 제주도의 용암동굴과 함께 화산이 만든 대표적인 천연기념물로, 대포동 주상절리는 그 높이가 해안에서 볼 수 있는 부분만 30m에 이르고 바다 속은 그 깊이를 가늠할 수 없어 막대한 규모의

화산이 만든 대표적인 천연기념물 대포동 주상절리.
위에서 보면 육각이나 오각형의 틈이 거북등무늬를 나타낸다.

마그마에 의해 형성된 것임을 짐작할 수 있다.

그 외에도 거북등무늬는 점성이 낮은 용암이 흐를 때 표면은 빨리 식어 굳은 후, 표면이 내부의 압력으로 인해 빵 껍질처럼 부풀어 올라 거북등 형상으로 갈라져 만들어지기도 하는데, 튜뮬러스(Tumulus) 또는 거북등무늬절리로 불린다. 튜뮬러스에 의한 거북등무늬는 제주 동북부 해안 행원리에서 흔히 관찰되나 주상절리에 의한 거북등무늬와는 생성기원이 다르다.

제주도 대포동 주상절리
30m가 넘는 육각의 현무암 돌기둥들이 병풍처럼 펼쳐져 있다.

　　　제주도는 남해 바다 밑 깊은 곳의 마그마가 용암으로 흘러나와
형성된 섬으로 해안절경은 대부분 수백만 년 전 지질시대의 용암분
출이 남긴 흔적으로, 화산용암이 만든 대자연의 경이로운 조각품이
다. 화산이 만든 아름다운 정방폭포, 용암분출로 생긴 지하공간의
침강으로 낮은 구릉을 이루는 산금부리. 용암이 흐를 때 생긴 클링
크로 만들어진 용두암, 용암이 흘러 빠져나간 공간인 만장굴, 꼭대
기가 분화구로 된 웅장한 성 모양의 성산 일출봉, 수성 응회암에 의

한 다양한 층리의 무늬가 아름다운 송학산 등 화산이 남긴 자취 속에 숨어 있는 비경과 신비로움을 많이 간직하고 있다.

제주도는 화산암을 연구하는 지질학도에게는 교과서 같은 지역이며, 그 중에서도 제주의 대표적인 화산암구조인 대포동 주상절리는 수백만 년 전 용암이 만든 신비한 대자연의 힘을 느낄 수 있는 곳이다. 신비한 자연현상에 대한 이해가 높아진다면 자연에 대한 관심과 사랑도 높아질 뿐만 아니라 우리가 자연을 보면서 느끼는 즐거움도 틀림없이 높아질 것이다.

II 돌의 가치와 신비

고대 중국과 잉카제국에서는 옥이 시신의 부패를 막는다고 믿어 죽기 전에 옥을 먹거나 시체의 혓바닥 밑에 넣어 매장하는 관습이 있었다. 오늘날에도 옥에서 인체음이 기운과 다량의 원적외선이 방출되는 것으로 인식되어 반지, 팔찌, 베개 등 건강용 의료광물로 광범위하게 활용되고 있다.

 영생을 기원하는 돌-적철석

철을 함유하는 붉은색 광물, 적철석(Hematite)의 어원은 피를 뜻하는 그리스어 'Haimatos'에서 유래되었다. 자철석과 함께 대표적인 철광석으로 덩어리는 검은색을 띠나 가루를 내면 붉은색이 되며, 붉은 흙(홍토)으로도 산출된다. 남한에는 경남 김해의 대동과 양산의 물금이 대표적 산지이다. 중국 산서성 대현(代縣)에서 많이 나기 때문에 한의학에서 대자석(代赭石, 대현에서 나는 붉은 돌)이라 불리고, 진정이나 지혈, 천식치료의 약재로 사용된다.

적철석은 석기시대부터 토기를 만들거나 물감원료로 이용되었다. 중국 북경 산정(山井)동굴 석기시대 무덤에서 사람 뼈 주변에 뿌려진 적철석 분말이 확인되었는데, 이는 고대 유럽에서도 있었던 관습으로 피를 상징하는 붉은색 적철석을 죽은 사람에게 뿌리면 영생을 가져다준다고 믿었기 때문인 것으로 알려져 있다.

우리나라에서도 전남 장흥의 신생대 유적에서 국내 처음으로 붉은색의 '철석영 자갈'이 출토되었고, 또 경남 창녕의 송현동 고분에서 고대 벽화나 단청 등에 사용되는 것과 같은 붉은색 안료가

철을 함유하는 붉은색 광물.
적철석(Hematite)의 어원은 피를 뜻하는 그리스어 'Haimatos'에서 유래되었다. 한의학에서는
대자석(대현에서 나는 붉은 돌)이라 불리고, 진정이나 지혈, 천식치료의 약재로 사용된다.

발견되었다. 이것은 서구에서 영생을 기원하는 의미에서 죽은 이의
무덤에 뿌려졌던 것과 같은 것으로 우리나라에서도 석기시대부터
장례용으로 적철석이 이용된 것이 아닌가 짐작된다.

청동기시대 고인돌을 비롯한 돌무덤, 패총과 집터에서 출토되
는 붉은간토기와 표면에 적철석(단, 丹)을 발라 광택을 내거나 낙동
강유역에서 집중적으로 발견되는 구운 단도마연토기(丹塗磨硏土
器)의 재료도 적철석이다. 또 동북지방이나 동해와 남해의 해안지
역에서 발견되는 신석기시대 빗살무늬토기(櫛文土器)와 민무늬토
기(無文土器) 중에서도 적철석이 이용되었다. 그 외에 고대의 석굴

이나 석불을 비롯하여 고분벽화에서 적철석 물감이 많이 사용되었는데 그 중에서 고구려 고분벽화가 특히 잘 알려져 있다.

고대 적철석의 산지는 지금까지 잘 알려져 있지 않다. 오늘날 확인되는 대표적인 적철석 산지인 김해와 물금에서 생산하였거나 교역에 의해 공급되었을 것으로 짐작해 볼 따름이다. 그래서 적철석의 원산지와 이동경로에 대한 연구가 흑요석, 옥, 유리와 마찬가지로 고대의 역사를 이해하는 단서로 이용될 수 있지 않을까 생각해 본다.

02 금보다 귀했던 옥-납석

납석(蠟石)은 암석이 뜨거운 물과 반응(열수변질작용)하여 형성된 것으로, 밀랍(蜜蠟)광택을 내며 촉감이 부드럽고 경도가 낮다. 주로 엽납석(葉蠟石), 견운모(絹雲母) 및 명반석 등의 광물로 구성되며, 백색, 적색, 황색, 녹색 등 다양한 색을 띤다.

납석은 요업원료를 비롯하여 제지, 농약, 유리섬유 등으로 다양하게 쓰인다. 또 치밀한 미결정질의 납석은 가공이 쉽고 색과 광택이 아름다워 옥처럼 조각이나 도장 재료로 사용된다. 납석은 부산과 경남지역에서 특히 많이 나는데, 동래와 양산, 김해, 밀양지역이 경주지역 등과 더불어 우리나라의 대표적 산지이다. 또 진해 보배산은 보물이 묻혀 있는 산이라는 뜻으로 양질의 납석이 나는 곳이기도 하다.

우리나라 고대의 유물, 특히 신라의 유물이 납석을 재료로 한 것이 많은 편이다. 부산시립박물관에 소장되어 있는 국보 233호인 통일신라시대의 납석항아리(蠟石製壺), 보물 742호인 납석삼존불비상(蠟石三尊佛碑像) 및 충남 연기군 비암사에서 발견된 국보 제

화산암이 물과 반응하여 만들어진 납석은 가공이 쉽고 색과 광택이 아름다워 조각이나 도장 재료로 사용된다.

106호 아미타불삼존석상(阿彌陀佛三尊石像)을 비롯하여, 납석여래좌상(蠟石制如來坐像)과 김유신묘에서 출토된 납석제십이지상(蠟石製十二支亥像) 등 불교문화와 연관이 깊은 것이 다수이다. 한편, 1800년대 말 네팔의 국경에서 발견되어 석가의 실재(實在)를 증명하는 글이 새겨져 있는 항아리도 납석으로 만들어진 것으로 알려져 있다.

미세한 조직의 천연 납석은 희소성과 공예가치가 크기 때문에 옥이 쓰이기 이전부터 장신구나 공예품의 재료로 이용되어 왔으며, 지금도 옥으로 분류되고 있다. 납석 중에 중국의 복건성에서 생산되는 금빛의 전황석(田黃石)은 돌의 황제라는 의미로 '중화 석제

(石帝)'로 불리며, 그 가치가 같은 무게의 금값보다 비싼 매우 귀한 돌이다.

　　납석으로 된 역사 유물들은 오랜 기간 풍화로 인해 광택을 잃어 주목받지 못하는 경우가 많으나, 원래는 어떤 옥에도 뒤지지 않는 아름다움을 지닌 것들이다. 고대에는 경도가 높은 경옥과 연옥의 가공이 쉽지 않아 다루기 쉽고 아름다운 광채가 나는 납석이 많이 이용되었다. 그러므로 납석 유물의 가치는 오늘날의 기술기준이 아닌 고대의 기술수준에 비추어 평가될 때 그 진가가 올바르게 인식되리라 생각된다.

03 약으로 쓰는 돌

광물성 약재는 천연에서 채취한 광물이나 암석으로서 동물성과 식물성 약재와 마찬가지로 아주 오랜 옛날부터 사용되어 왔다. 광물성 약재 중 처방과 효능이 고대의 의학 원전(原典)에 수록되어 있는 것을 광물성 한약으로 구분하고 있다. 중국의 『신농본초경』에 40여 종, 『본초강목』에는 333종이 수록되어 있으며, 『동의보감』에는 옥부 4종, 석부 55종, 금부 33종 등 총 92종이 포함되어 있다.

우리나라는 신라시대 초 중국으로부터 의학이 도입된 이래, 허준의 『동의보감』에 이르러 한의학의 발전이 최고조에 달하였다. 광물성 약재가 동·식물성 약재에 비해 뛰어난 약효를 지니고 있음에도 불구하고 중금속 독성을 우려하여 활용이 제한되고 있다. 고대 중국에서는 귀족사회에서 불로장생을 위해 광물성 약재를 이용한 선단(仙丹)의 오용으로 인한 피해가 늘어나자 명나라 이후 공공의료기관에서 사용이 통제되었으나 그 비방이 민간에 의해 전수되어 오늘날까지 다양한 광물약들이 시중에서 판매되고 있다.

현재 『대한약전외 한약규격집』에는 총 514종 한약재 중 광물

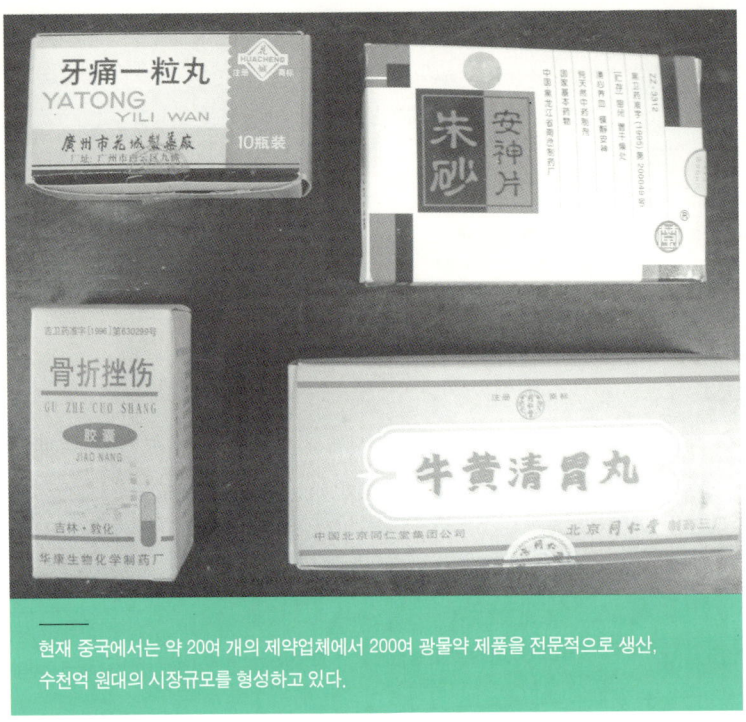

현재 중국에서는 약 20여 개의 제약업체에서 200여 광물약 제품을 전문적으로 생산, 수천억 원대의 시장규모를 형성하고 있다.

성 한약이 34종이 있고, 『중약대사전(中藥大辭典)』의 약재 5천767종 가운데 광물성 약재는 82종이 포함되어 있다. 현재 중국에서는 약 20여 개의 제약업체에서 200여 광물약 제품을 전문적으로 생산, 수천억 원대의 시장규모를 형성하고 있음에 비하여, 우리나라 광물약 시장은 수백억 원에 불과하다.

광물성 한약이 현대의학으로 발전한 대표적인 예는 노감석(아연을 함유하는 탄산염 광물)과 석지(황토의 일종)로서 오늘날 소독약과 위장약으로 광범위하게 쓰이는 요오드징크와 스멕타이트(점토광물)를 들 수 있다. 광물성 한약인 활석과 대자석은 소염제와 보혈제로 가공되어 원가의 수백 배로 판매되고, 값싼 석고가 중풍치료약으로 가공되어 수십만 원을 호가하며, 극소량의 웅황이 함유된 항암제가 수백만 원으로 거래되고 있다.

우리나라는 광물약을 이용한 질병치료의 오랜 역사와 전통을 지니고 있다. 『동의보감』과 같은 훌륭한 고대의 의학서가 있고, 게다가 최근에는 뛰어난 인재들이 한의대에 몰리고 있어 한의학 연구와 신약개발을 위한 인프라가 매우 잘 갖추어져 있다. 광물약 연구에 체계적인 지원을 함으로서 불치병과 난치병을 극복하고, 나아가 한의학의 우수성을 계승하는 제2의 허준 탄생을 고대한다.

 약으로 쓰는 옥

옥(玉)은 천연에서 산출되는 희소성과 공예가치가 있는 매우 미세한 조직의 광물집합체로 한국과 중국 등 아시아 국가뿐만 아니라 서구에서도 전통적으로 선호해온 보석이다.

옥은 일반적으로 경도가 낮은 각섬석군 광물인 연옥(軟玉)과 비취로 불리는 경도가 높은 휘석군의 경옥(硬玉)으로 구분된다. 또 사문석과 마노(석영의 반투명한 은미정질 변종)를 비롯한 활석이나 납석도 옥의 범주에 속한다. 우리나라 고대의 유적에서 흔히 출토되는 옥 공예품 중에는 경남 양산의 천불산과 원동 등지에서 산출되는 것과 같은 납석이 많이 포함되어 있다. 납석 중에는 중국의 수산지방에서 산출되는 전황석과 같이 그 가치가 같은 무게의 금값보다 몇 배나 비싼 매우 귀한 경우도 있다.

옛날부터 옥은 몸에 지니면 무병장수하고 행운을 가져다주는 신비한 돌로 여겨왔다. 『신농본초경』에는 병을 치료하고 액을 막으며 길상(吉祥)을 돕는다고 기록되어 있으며, 『동의보감』과 『본초강목』에는 옥(옥설, 玉屑)이 갈증해소, 천식과 단독(丹毒)치료에 효능

옥은 경도가 낮은 연옥과 비취로 불리는 경도가 높은 경옥으로 구분한다.
고대에는 옥이 시신의 부패를 막는다고 생각해 죽기 전에 옥을 먹기도 했으며
오늘날에도 옥에서 신비로운 기운과 다량의 원적외선이 방출되는 것으로 인식되어
반지, 팔찌, 베개 등 건강용 의료광물로 광범위하게 활용되고 있다.

이 있고, 또 연옥의 구성 광물인 양기석이 원기를 보충하고 수족냉증을 치료하는 약재로 기록되어 있다. 또 어린이의 경기와 통증치료에 백옥과 한수석(방해석의 광물약 이름)을 외용약으로 사용한 것으로 미루어 볼 때 옥이 지닌 에너지가 치료에 이용된 것으로 짐작된다.

고대 중국과 잉카제국에서는 옥이 시신의 부패를 막는다고 믿어 죽기 전에 옥을 먹거나 시체의 혓바닥 밑에 넣어 매장하는 관습이 있었다. 오늘날에도 옥에서 신비로운 기운과 다량의 원적외선이 방출되는 것으로 인식되어 반지, 팔찌, 베개 등 건강용 의료광물로 광범위하게 활용되고 있다.

옥이 인체의 신진대사를 촉진하고 성인병 예방에 효과가 있다고 선전되고 있으나 원료 광물이 구분되지 않은 채 이용되고 있으며, 의학적으로도 그 효능이 충분히 검토되어 있지 않다. 최근 자장, 파동과 기와 같은 물질의 에너지가 질병치료와 예방에 활용되고 있어 옥에 대한 관심이 매우 높다. 옥의 종류에 따른 체계적인 연구가 이루어져 무분별한 사용을 막고, 또 고대로부터 약으로 이용되어 온 옥의 신비를 풀 수 있기를 기대해 본다.

05 약이 되는 흙

황토(Loess)는 학술적으로 바람에 의하여 운반되어 쌓인 황색의 광물질을 의미하지만, 우리나라에서는 '암석이 풍화되는 과정에서 생긴 토양'을 총칭하여 황토(黃土)라 한다. 황토는 여러 종류의 점토광물을 비롯하여 석영, 운모, 장석 및 철산화물 등 10종 이상의 광물로 구성되며, 암석의 종류, 풍화변질의 정도, 강우량과 배수특성에 따라 같은 지역에서 채취하더라도 위치나 깊이에 따라 광물학적 성질이 크게 달라진다.

황토는 우리 민족의 문화·역사와 깊은 연관을 맺고 있으며, 예로부터 단순한 흙의 범주를 뛰어넘어 주거와 식생활뿐만 아니라 미용제와 여러 가지 질병치료제로 이용되었다. 중국에서도 하나라의 『산해경(山海經)』과 전한시대 『회남자(淮南子)』에 기록이 등장하는 것으로 미루어 보아 오랫동안 의료용으로 이용되었던 것으로 보인다.

한의학에서 약으로 쓰는 질이 좋은 황토(好黃土)인 경남의 하동, 산청과 부산 동래의 백토(白石脂)와 적토(赤石脂), 철수산화 광

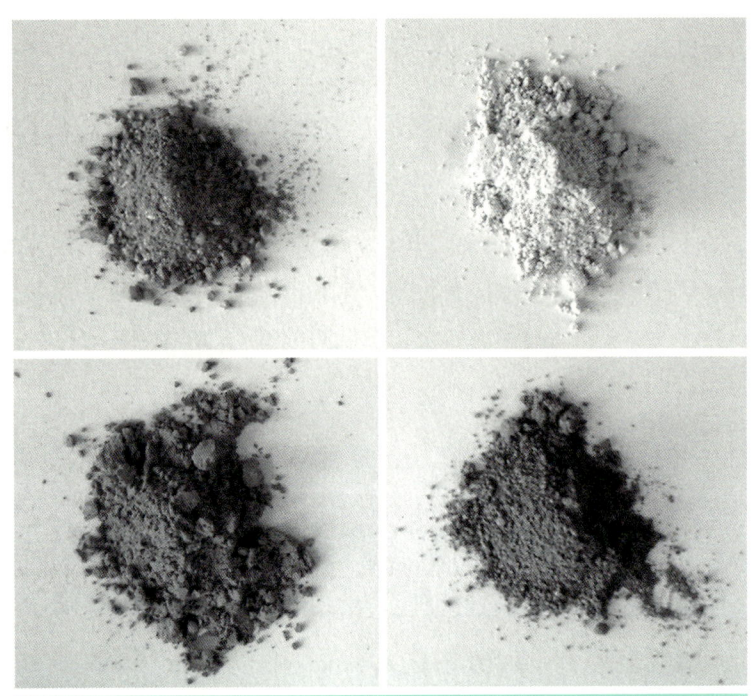

물이 함유된 점토물질인 우여량 등은 점토 광물약으로 이용되었다. 아침 햇살을 먼저 받는 동쪽의 흙벽을 긁어낸 '동벽토'와 서쪽 벽의 흙인 '서벽토'는 토사곽란과 위통을 치료하고, 가마솥 아래의 화덕바닥 흙인 '복룡간'(조중황토 또는 조하황토라고도 함)과 백석지, 적석지, 황석지 등의 오색적토는 지혈과 지사제로 쓰이거나 해독과 종기치료에 이용되어 왔다. 또 몸의 나쁜 기운을 쫓는데 우여량이 이용되었다.

황토를 구성하는 점토 광물약의 기미(氣味)는 감(甘), 온(溫), 무독하며, 성질이 평(平)하며, 비표면적, 표면전하 및 양이온 교환 능력이 높기 때문에 이온을 흡착하고 제거하는 효과를 지닌다. 임상에서는 주로 흡착작용에 의해 소화기관 내의 독성물질을 제거하며, 위장점막의 염증부위를 피복하여 위산에 의한 손상을 막고 출혈시 지혈작용을 돕는다. 이러한 특성을 이용하여 오늘날 위보호제인 '스멕타이트'라는 백색의 위장약과 다양한 미용제로 발전하였다.

최근 광물을 이용한 원적외선 상품이 개발되고 성능과 품질이 우수한 제품들이 실생활에 많이 활용되고 있으나, 고대로부터 광물약으로 이용된 황토와 석지 등 점토 광물약에 대한 구체적인 연구가 되어 있지 않다. 특히 품질표준에 대한 기준이 마련되어 있지 않아 무분별하게 활용되고 있어 의학적인 활용을 위한 종합적이고 체계적인 연구가 있어야 할 것이다.

06 부산의 광산

    부산은 수천만 년 전 중생대 백악기 동안의 마그마 작용으로 인해 많은 광상(유용한 광물이 모여 있는 것)이 형성되어 있는 지역이다. 지금은 각종 개발로 인해 그 흔적을 찾기가 쉽지 않지만 과거에는 도심지역에서 광산이 개발되던 시절이 있었다. 최근 이기대 공원으로 탈바꿈한 용호동 해안은 70년대 말까지 용호광산이 있던 곳이다. 용호광산은 품위가 좋은 구리광산으로 이기대 해안에서 섭자리까지 이어진 갱도가 남아 있다. 개발 당시 지하 갱도에서 채광되었던 광석은 용호 해안의 간이부두를 통해 당시 큰 구리광산이 있었던 고성까지 운반하여 광석으로부터 구리 광물을 분리하였다.

    황령산의 광안동, 수영동 및 연산동 일대에서도 과거에 광산을 개발하던 채굴흔적이 여러 곳에 남아 있다. 그 중 광안동의 공무원교육원 뒷산에는 과거 '부산광산'이 있던 곳으로 80년대까지 여러 곳에 갱도가 남아 있어 여름철에 피서장소로 이용되었다. 황령산의 광산들은 주로 금을 캐던 곳으로, 금과 함께 유비철석(硫砒鐵石)이

70년대 말까지 용호광산이 있던 용호동 해안(위).
구리를 함유한 광석이 바닷물에 의해 산화되고 침식되어 작은 공동을 이룬 모양(아래).

라는 광물이 함유되어 있어 주변 지하수를 비소로 오염시키는 원인
이 되기도 한다.

한편, 주례동 백양산 터널자리에 세계적으로 같은 유형의 광산
예가 드문 텅스텐과 몰리브덴을 캐던 '경창광산'이 있었다. 개발
당시에 있었던 수백 미터에 이르는 갱도들은 백양터널 공사로 인해
대부분 없어졌으나 현재의 터널 위쪽에는 아직도 과거의 수평갱도
가 남아 있다. 이 텅스텐과 몰리브덴은 7천만 년 전 백양산 일대의
화강암이 형성될 때 지하 수 킬로미터 아래의 마그마로부터 올라온
500도가 넘는 뜨거운 물에서 만들어진 것으로, 특이하게 상부에는
금을 함유하고 있어 금광으로도 개발되었다.

그 외에도 금정구의 철마산과 인근 달음산에 규모가 큰 구리광
산이 있었다. 또 임기광산, 동래광산, 유광광산 등에서 도자기와 내
화물의 재료로 이용되는 납석을 개발하였으나 지금은 모두 폐광되
었다. 그러나 최근 이들 광산에서 발생하는 산성광산배수로 인해
토양과 수질오염이 발생하고 있으며, 특히 회동 수원지 상류에 위
치한 납석광산으로 골치를 앓고 있다.

광산은 특수한 지질조건의 조화에 의해 유용한 광물들이 모인
곳이기 때문에 그 자체가 매우 중요한 지질학 교과서이며, 또 과거
의 광산은 중요한 역사 현장이기도 하다. 광업은 한때 우리나라 산
업에서 매우 중요한 위치를 차지하였으나 환경오염의 우려로 인해
부산과 같은 대도시에서는 더 이상 개발이 불가능하다. 그러나 부
산의 옛 광산 중 일부라도 보존할 수 있다면 훌륭한 교육과 관광자
원이 될 수 있을 것이다.

07 적조와 황토

　해마다 우리나라 근해에 적조가 발생하였다는 소식을 듣곤 한다. 적조는 해양환경의 변화로 인해 플랑크톤의 일종인 조류(藻類)가 대량으로 번식하여 바닷물이 붉게 변하는 현상으로 해마다 많은 재산피해를 가져왔다. 적조는 실험실에서도 배양하기가 매우 까다로워 영양물질을 공급하고 최적의 온도를 유지하더라도 번식이 더디거나 몰사하여 애를 먹는 경우가 많다고 한다. 그런데 바다에서 최적의 생장조건이 조성되면 한순간에 폭발적인 번식이 이루어지는 것은 이해하기 어려운 일이다.

　지금까지 적조방재를 위한 다양한 연구가 있었으나 이렇다 할 구제방법이 알려져 있지 않다. 최근 황토(黃土)를 이용한 적조방재가 유용한 수단으로 인식되고 있다. 하지만 황토는 '암석의 풍화과정에서 생긴 토양 잔류물'로서 10여 종 이상의 다양한 광물로 구성되며, 같은 지역의 황토일지라도 원암의 종류와 풍화 정도의 차이로 인해 위치에 따라서 구성 광물이 아주 다르다.

　황토를 구성하는 많은 광물 중에서 적조를 제거하는 구체적인

적조는 조류가 대량으로 번식하여 바닷물이 붉게 변한 것이다.

물질과 그 원리에 대해서도 잘 알려지지 않고 있다. 황토에 의한 적
조제거의 효과를 증명하기 위해서는 우선 황토를 구성하는 광물 중
에서 적조를 제거하는 유효물질을 찾아내야 할 것이다. 이는 누룩
에서 항생물질인 페니실린을 찾아 분리하여 이용한 것과 같은 이치
다. 황토 중 적조에 특효가 있는 성분만 투여한다면 해양환경에 영
향을 줄일 수 있을 것으로 생각된다.

　　지질시대에도 해양이나 호수의 급격한 수질변화로 조류의 과
잉번식이 일어나 스트로마톨라이트라는 특이한 구조를 갖는 암석

이 형성되었다. 국내에서는 고생대와 백악기의 건조한 기후에서 형성된 퇴적층에서 발견되고 있다. 강원도 석회암지대와 경남의 진주 주변과 경북 경산 등지에서 산출되는 스트로마톨라이트는 지질시대에 해수성분의 급격한 변화와 가뭄으로 호수의 수질이 알칼리로 변할 때 조류가 과잉 성장하면서 형성된 것으로 알려져 있다.

적조는 해수나 퇴적물 중에 있던 적조생물의 포자가 발아해서 발생하는 것으로 알려져 있으나 구체적인 발생 메커니즘은 명확하지 않다. 황토의 유효성분 추출과 스트로마톨라이트에 의한 환경연구 등 지질학적 연구가 병행되어 적조피해를 줄이는 데 기여되기를 기대한다.

광물성 한약(광물약)이란?

건강에 영향을 주는 광물과 천연무기체에 대한 연구 분야는 의료 광물학(medical mineralogy) 영역이며, 그 중 약재로 이용되는 광물은 약용 광물학으로 구분한다. 광물약은 천연에서 채취되어 원래의 성질과 상태를 유지한 채로 질병치료에 이용되는 암석과 화석을 포함한 광물성 생약을 총칭한다.

광물성 한약은 오랜 기간 동안 전통의학에서 화학성분과 물리적인 성질이 질병치료나 건강 증진에 이용되어 왔던 단일 광물, 암석 및 생물 화석으로서, 산지의 지질특성, 기후 및 지표 조건이나 조직, 수반광물, 정제 방법에 따라 약재로서의 효용성이 달라진다. 현재 국내 한방병원에는 석고, 용골, 활석 및 주사 등의 광물성 약재가 처방되고 있으나 전체 광물성 약재의 정확한 수요량은 알려져 있지 않다.

광물약은 가공방법에 따라 원광물약, 광물제품약, 광물약제제 등으로 구분된다. 원광물약은 자연 상태에서 채집한 후 원상태로 사용되는 약을 의미하며 석고, 활석, 석웅황 등의 천연 광물, 용골이나 석연 등과 같은 동물 화석, 호박과 진주 등의 유기질 광물이 이에 속한다. 광물제품약은 원광물약을 가공한 것으로서 백반(白礬), 담반(膽礬), 밀타승(密陀僧), 붕사(硼砂) 및 연단(鉛丹) 등이며, 광물약제제는 여러 종류의 원광물약과 광물제품약을 처방규정에 따라 가공한 것으로 소영단(小靈丹), 경분(輕粉), 백강단(白降丹) 및 홍분(紅粉) 등의 단약(丹藥)이다.

광물제품약은 한 종류의 원광물약을 원료로 하여 가공한 것으로 다른 약과 배합하여 사용하고 단방(단독적 사용)으로 사용되지 않는다. 그러나 광물약제제는 여러 종류의 원광물약과 광물제품약을 원료로 하여 가공한 것으로서 주로 단방되고 복방(복합적 사용)되는 경우는 거의 없다.

광물성 한약은 불순물을 제거하고 소화와 흡수를 돕기 위하여 법제(포제, 수치)라는 과정을 거친다. 전통적으로 사용되어 온 법제 방법에는 물속에서 연마하여 분리하는 수비법(水飛法, flotation), 불에 태우는 하소법(煆燒法, heating), 용매에 녹이는 용해법(溶解法, imersion in solvent) 등이 있다.

수비법은 연마할 때 발생하는 광물약의 열 변화와 산화를 방지하는 이점이 있으며 자황, 석웅황 및 주사는 함유된 독성물질인 비소와 수은의 산화물을 제거하는 데 이용된다. 하소법은 약재를 가열, 용융하지 않고 일정 온도에서 흡착수나 휘발성 물질을 해리시키는 것으로서 석고와 방해석 등에 적용된다.

운모와 석영 등의 규산염광물을 주성분으로 하는 광물약은 일반적으로 1,000℃ 이상의 고온에서 장시간 처리하며, 점토광물을 함유하는 경우는 500℃ 이하의 온도에서 처리하는 것이 일반적이다. 그러나 황화광물과 황산염광물을 주성분으로 하는 광물약은 결정수의 해리에 의해 이화학적 성질이 변할 때까지 낮은 온도에서 하소한다. 철성분을 함유한 산골, 대자석, 자석 등은 하소 후 식초로 담금질하는 작쉬법(酢淬法)을 이용한다.

용해법은 가열하여 투명한 붉은색(홍투)이 될 때 약재를 식초와 같은 용매에 담가 냉각과 용해를 병행하는 방법으로서, 법제에 의해 약재는 파쇄하기 쉽도록 변하며, 동시에 특정 성분이 산화되거나 수화되어 체내에 흡수가 잘되는 화합물로 전환되는 장점이 있다.

광물약 역시 식물이나 동물성 약재처럼 수천 년 역사를 통해 그 비법이 전해져 내려온 것이다. 보다 현대과학적 방법으로 그 유효성분과 효능이 규명된다면 새로운 신약개발에 대한 좋은 계기가 마련될 수 있지 않을까 생각한다.

광물약의 소화와 체내 흡수는 어떻게?

광물약을 섭취하면 펩시노겐과 같은 단백질 분해효소, 위액 및 호르몬의 일종인 가스트린 등의 소화액에 의해 소화된다. 위액은 물과 염산을 비롯하여 전해질과 점액, 효소와 같은 유기물질이 함유되어 있으며, pH 1.0~1.5인 강산이다. 광물약의 소화반응은 인공위액을 이용한 용출실험에 의해 모사가 가능하며, 모사 실험에서는 위액의 전해질 조성이 위액의 분비율에 따라 변화하기 때문에 흔히 위액의 pH만을 고려한 인공위액이 이용된다.

위장관 계수(위의 pH, 소화시간, 위액과 광물약의 비)는 광물약을 복용했을 때 위에서 소화되는 양을 측정한 것이며, 광물의 위액용출률(bioaccessibility)로 표현된다. 위액용출률은 주로 위에서의 소화에 대한 개념을 근거로 하고 있으며, 복용한 광물약에 함유된 각 원소들의 총 함량에 대한 용출량으로 표현된다. 그러나 광물약은 위액과의 반응 이후 다른 소화기관(소장, 대장 등)에서 pH가 증가되어 최종적으로는 체액(pH 7.4)으로 흡수되므로 이러한 중화작용을 고려하여 최종적인 소화특성을 검토하여야 한다.

광물약의 복용에 의한 생체이용률(bioavailability)의 평가는 약물농도와 시간경과에 따른 혈중농도, 소변 배설량에 대한 함수로 표현된다. 광물약을 구성하는 성분들은 소화반응으로 용출된 후 소화기관을 따라 이동하면서 화합물의 형태와 농도가 변화되며, 최종적으로는 체내에 흡수된다. 일부 광물약에 함유되어 있는 중금속 원소는 체내 반응에서 치명적인 독성 성분으로 전환될 수 있기 때문에 소화와 체내 순환과정에서의 존재 형태와 존재량 등에 대한 체계적인 연구가 매우 중요하다. 위액용출률과 생체이용률은 광물약의 소화와 흡수과정을 이해하는 데 유익한 수단으로서 광물성 한약의 평가와 유효성 및 유독성을 규명하는 데 이용된다.

광물약 복용 후 진행되는 체내 반응은 어느 정도 예측이 가능하다. 체내에 존재하는 화학종의 파악은 위액과 장액에 의해 소화되어 체액(pH 7.4)으로 흡수(absorption), 분산(distribution), 대사(metabolism) 및 배설(excretion) 과정에서 상분화(speciation)에 따른 약리작용을 이해하는 데 매우 유용한 도구로서 체내 존재 형태,

화학적 활동도 및 독성을 결정하는 데 활용이 가능하다.

위에서 소화된 광물약의 각종 구성 원소들은 소화과정에서 다양하게 상분화가 일어나며, Na, K 등의 일부 원소를 제외하고는 대부분 장내에서 멤브레인(membrane) 방식에 의해 체내에 흡수된다. 오랜 임상 경험에 의해 발전해온 한의학을 바탕으로 보다 현대과학적 요소가 결합된 광물약의 소화와 흡수에 대한 연구가 이루어지길 바란다.

광물약의 위해성은 어떻게 평가하나?

광물약에 함유되어 있는 성분 중에는 P, Mg, Ca, C 등과 같이 인체를 구성하는 주성분 원소를 비롯하여 다양한 미량원소와 극미량 원소들이 있다.

미량원소들은 비록 인체 내에 적은 양으로 함유되어 있으나 인체의 각 기관들이 정상적인 활동을 하는데 필수적인 성분들로서 이들 미량원소가 부족하면 질병이나 건강상의 문제가 발생하고, 섭취량이 너무 많으면 중독현상을 일으켜 건강에 치명적인 손상을 가져오게 된다. 일반적으로 광물약을 비롯한 한약은 미량 금속원소가 다량으로 함유되어 있어 인체에 부족한 미량원소를 공급해 주는 반면 중금속 원소에 의한 유해성이 제기되고 있다.

위해성 평가 방법은 미국 국가연구위원회(NRC, National Research Council)에 의해 오염물질을 대상으로 제안된 내용을 토대로 한다(NRC, 1983). 평가방법은 오염물질들의 독성 영향을 규명하는 유해성 확인(hazard identification), 오염물질에 대한 노출의 강도, 빈도, 기간을 추정하는 노출 평가(exposure assessment), 오염 정도와 유해영향 정도의 상관관계를 규명하는 용량-반응 평가(dose-response assessment) 및 노출에 따른 건강에 대한 위해도 결정(risk characterization)단계로 구성되어 있다. 이중 유해성 확인은 정성적인 평가(qualitative risk assessment)에 속하고, 용량-반응 평가, 노출평가, 위해도 결정은 정량적인 평가(quantitative risk assessment)로 분류된다.

유해성 확인 과정은 사람이 어떤 물질(한약)에 노출(복용)되었을 경우, 과연 어떤 유해한 영향을 유발시키는가를 결정하는 것으로서, 그 물질의 물리적, 화학적 성질을 파악하고 이에 따른 물질의 인체 내 영향기구 등을 파악함으로써 물질이 가지고 있는 유해도를 규명하는 것을 목적으로 한다. 광물약의 복용에 따른 위해성은 정성적인 평가와 광물약을 포함한 한약재의 특수성이 반영된 정량적인 위해도의 적용이 필요하다.

최근 수은과 비소가 함유된 경명주사와 석웅황(자황) 등의 처방으로 독성문제가 큰 사회적 문제를 일으켰다. 더 늦기 전에 좀 더 체계적인 연구를 통해서 광물성 한약의 위해성 여부가 평가되어야 할 것이다.

08 온돌과 의료지학

최근 아파트의 공급으로 그 향수를 기억하는 젊은이들은 드물지만 나이든 사람이라면 추운 겨울이 되면 온돌방의 따뜻한 아랫목이 기억난다. 우리의 고유한 문화인 온돌. 그 속에 담겨 있는 과학의 비밀을 의료지학(Medical Geology)적 관점에서 살펴보자.

온돌은 아궁이를 통해서 받아들인 열을 구들(돌)에 저장하는 방법으로 고안된 우리나라의 대표적인 난방장치다. 고구려의 고분 벽화에도 등장하는 것으로 미루어 볼 때 그 역사가 매우 오래되었음을 알 수 있다. 온돌의 구들(돌)은 보통 황토와 더불어 화강암이나 점판암이 이용된다. 이들의 구성 광물은 뜨거운 열로 달구어질 때 다량의 원적외선이 발생하는 특징을 지니고 있는 것으로 알려져 있다.

원적외선은 눈으로 볼 수 있는 가시광선보다 파장이 긴 전자파로서 광물이 가열될 때 발생한다. 열전달이 빨라 온열치료를 비롯하여 건강용품과 건축재료 등 여러 분야에서 활용되고 있다. 불꽃이 눈에 보이지 않는 전자오븐의 마이크로파가 진동에 의해 물을

온돌은 아궁이를 통해서 받아들인 열을 구들(돌)에 저장하는 방법으로 고안된 우리나라의 대표적인 난방장치다.

데우는 것과 같은 이치다. 원적외선은 피부 깊숙이 침투하여 온열 작용을 한다. 특히 온돌을 통해 원적외선을 쬐게 되면 그 진동으로 세포조직을 활성화하는 효과가 있는 것으로 알려져 있다.

온돌의 과학성은 내부(고래)가 숯검정으로 덮여 있어 흑체(黑體)로서의 역할을 한다는 점이다. 흑체는 가시광선이 입사하면 반사되지 않고 흡수되어 표면이 검게 보이기 때문에 붙여진 용어다. 열을 받으면 물질이 지니고 있는 에너지를 손실 없이 전자파 에너지로 변환하는 물질이다. 따라서 그을음으로 입혀진 온돌은 내부가 검게 칠해진 상자처럼 아궁이로부터 입사된 에너지를 효과적으로 흡수하는 특성을 지니게 된다.

오늘날 온돌을 대신한 찜질방과 온열 치료기가 개발되고, 숯이 전자파를 막는 침대와 건축 재료 등으로 이용되고 있다. 하지만 그 원리는 온돌과 사뭇 다르다.

전통적인 온돌은 도자기를 굽는 가마처럼 섭씨 1,000도가 넘는 고온으로 가열되어 세라믹과 같은 효과적인 원적외선 발생 장치가 된다. 그뿐 아니라 내부가 숯검정으로 덮여 있어 수맥 등 유해한 전자기파를 차단하는 역할을 한다. 과학적으로 입증된 온돌의 우수성이 이제 전 세계의 경탄을 자아낼 수 있도록 과학적 연구가 뒷받침되어야 할 것이다.

09 신라의 석재-화강암

신라는 유네스코가 정한 세계문화재인 석굴암과 불국사를 비롯하여 다보탑, 석가탑 등 수많은 석조(돌)유물을 남겼다. 지금까지 석조유물에 대해서 많은 역사학적·고고학적 연구가 이루어졌으나, 정작 이들 석조유물의 제작에 이용된 석재의 생산지에 대해서는 잘 알려져 있지 않다.

경주에서 볼 수 있는 신라시대 대부분의 석조유물은 지하 깊은 곳에서 마그마가 서서히 식어서 형성된 화강암류로 되어 있다. 그런데 경주 토함산에 있는 석굴암과 불국사 건축에 사용된 돌도 차이가 있을 뿐만 아니라 경주 국립박물관 마당에 옮겨다 놓은 많은 불상과 탑도 석재 종류가 서로 다르다. 그 중에는 경주 근처에서 보기 힘든 석재로 된 것도 있어 출처를 짐작하기가 쉽지 않다. 그래서 석굴암과 불국사 건축을 비롯하여 수많은 불상을 제작하는데 이용되었던 그 많은 돌을 어디에서 채석하였을까 하는 의문을 갖게 한다.

그 해답은 특히 노두가 많이 발달된 경주 남산과 토함산 일대

경주 박물관 야외에 전시되어 있는 불상.
남쪽에서는 잘 발견되지 않는 연홍색의 알칼리화강암 석재로 건조되었다.

에 분포하는 암석에서 찾을 수 있다. 경주 토함산과 남산의 화강암 형성 시기는 5천만 년 전으로, 다른 지역의 화강암보다 나이가 젊을 뿐만 아니라 여러 가지 종류로 분화가 많이 되어 있다. 그렇기 때문에 토함산과 남산의 화강암은 다른 지역과는 달리 화강섬록암, 흑운모화강암, 알칼리화강암, 반상화강암 등 여러 종류가 함께 산출된다.

석굴암은 대부분 토함산의 화강섬록암으로 만들어진 반면, 불국사는 일부 받침돌을 제외하고는 대부분 남산의 알칼리화강암으로 되어 있다. 왜 굳이 멀리 떨어진 남산의 석재가 불국사를 짓는데 이용되었는지에 대해서는 알려져 있지 않다. 다만 경주 남산이 하늘에서 부처가 내려와 머무는 성스러운 곳으로 믿어 많은 절을 세웠고, 또 많은 탑과 불상이 만들어졌다고 한다. 그래서인지 성지로 여긴 남산의 돌로 만든 불상이 더 많다. 또 유물의 종류에 따라 선택된 석재가 달라, 성물(聖物)의 특징에 따라 석재를 구분하여 이용하였을 것으로 짐작해 볼 따름이다.

암석의 산지는 희토류 및 동위원소 성분이나 대자율(암석의 자성광물 함유량에 의한 자력 정도) 측정 등의 지질학적 연구에 의해 추정할 수 있다. 그래서 신라시대 석조유물은 그 규모가 크므로 당시의 채석장을 찾는 것도 가능하리라 여겨진다. 위대한 신라의 석조문화재 제작에 이용된 석재의 산지와 함께 채석장소를 찾는 것도 매우 의미 있는 일이 되리라 생각된다.

⑩ 진주성을 만든 사암

사암은 어디서나 흔한 퇴적암으로 분포지역이 넓고 다양한 조직과 광물조성을 갖고 있기 때문에 지질학 연구에 중요한 단서로 이용된다. 또 다듬기가 쉽고 색상이 고르기 때문에 건축과 조각재료로 많이 쓰인다. 그 대표적인 예가 최근 캄보디아 밀림 속에서 발견되어 세계적인 유적지로 알려진 앙코르왕국의 엄청난 고대 건축물이다. 또 사암층에 만든 중국 둔황의 석굴사원과 터키 카파토키아의 많은 유적 등이 있다. 그 외에도 영국의 오래된 흰색 건물은 석회질 사암으로 만들어졌다.

우리나라에서도 경남 진주에 있는 진주성은 사암으로 축조되었다. 임진왜란 3대 대첩의 하나로 평가되고 있는 진주성 전투의 승리는 남강 언덕 위에 축조한 험준한 성벽에 힘입은 바 컸다. 진주성은 다른 지역의 성벽과는 달리 성을 쌓은 돌의 모서리가 부분적으로 요철(凹凸)로 된 정교한 구조를 지니고 있기 때문에 웬만한 충격에도 잘 무너지지 않는다. 이는 사암이 비교적 다듬기 쉬운 돌이기 때문이기도 하지만 우리 조상들의 성을 쌓는 기술을 엿볼 수 있는

진주성 안에 있는 사암으로 만든 섬세한 조각과 비문들.
사암은 다듬기가 쉽고 색상이 고르기 때문에 건축과 조각재료로 많이 쓰인다.

부분이기도 하다.

진주성의 내성과 외성을 만든 석축을 비롯하여 장대석(長臺石)과 포루(砲樓)는 대부분 인근지역에서 나는 사암으로 이루어져 있다. 진주성을 지은 사암은 지질학에서 '진주층'이라 불리는 중생대 백악기의 퇴적층에서 산출되며, 주로 호수와 하천에서 형성된 것으로 사암과 함께 담수조개 화석과 다양한 생물의 흔적화석(생흔화석)이 성벽의 돌에서 관찰되기도 한다. 또 진주성 내로 옮겨서 보존하고 있는 섬세한 조각과 비문이 새겨져 있는 많은 공적비도 대부분 사암으로 된 것이다.

우리나라에는 사암이 많이 분포하지만, 기념비나 묘비 등에 이용되고 있는 충남의 검은색 사암(烏石) '남포석'을 제외하고는 건축물과 조각용으로 이용된 예가 드물다. 그렇기 때문에 석굴암과 불국사를 비롯하여 부산의 동래산성 등 대부분 우리나라 석조유물들이 화강암으로 만들어진 것과 비교하면 진주성을 만든 사암은 매우 특이한 경우로 볼 수 있다.

최근 미국 콜로라도의 한 대학이 그 지역에서 나는 붉은색 사암으로 건물을 지어 가장 아름다운 대학 캠퍼스로 선정되었다고 한다. 오늘날 외국에서 수입된 돌들로 넘쳐나는 것이 우리의 현실이고 보면, 우리의 선조들이 '진주층'의 사암으로 진주성을 지은 것처럼 우리 땅에서 나는 돌로 집을 짓는 것도 고려할 만한 일이 아닐까 생각한다.

11 황금의 땅 한반도

　금값이 가파른 상승세를 보이고 있다. 우리나라는 세계에서 가장 금을 많이 필요로 하는 나라로, 반도체와 통신 등 전자산업을 중심으로 연간 수백 톤에 이르는 막대한 금이 수입되고 있다. 따라서 금값 폭등은 우리경제에 적지 않은 타격을 주고 있다.

　『일본서기』에 황금이 넘치는 나라로 기록된 우리나라(신라)는 왕의 수보다 더 많은 금관과 세계역사상 그 유래를 찾아볼 수 없는 많은 금 귀걸이가 출토되었다. 신라는 4세기부터 현대과학 기술로도 따를 수 없는 최고의 금 가공기술로 오늘날의 전자산업과도 같은 첨단 수출산업을 형성하였다.

　신라의 그 엄청난 금의 출처는 당시 당나라가 신라처럼 황금문화를 이루지 못하였고, 일본도 근세에 와서 규슈와 북해도에서 금을 발견하고 개발한 까닭에 서역과의 교역이나 자체 생산되었을 것으로 짐작되고 있다. 그러나 그 수요량과 용도가 매우 다양한 점을 볼 때 교역보다는 자체생산의 가능성이 높다.

　우리나라는 역사시대 동안 많은 금광을 지니고 있었다. 조선의

스카른 금광상

고종황제 때 신미양요에 의해 미국에게 채굴권을 빼앗긴 평안북도 운산과 수안 금광을 비롯하여, 함경북도, 평안남도, 강원도 등지의 금광채굴권이 1800년대 말부터 영국, 프랑스, 독일 등 열강의 손에 넘어갔다. 노다지 금덩어리가 나오던 충청북도 직산 금광과 경남 의창지역 금광은 일본과 러시아로 채굴권이 넘어갔다. 이 광산들은 한차례의 발파로 최대 10관(37.5kg) 이상의 순금이 나오던 광산들로서 오랜 기간 개발로 인해 지금은 대부분 폐광되었다. 그 외에 바다 밑 수백 미터 아래까지 금을 캤던 통영광산도 처음 지표에서는 금의 함량이 높기로 유명하다.

최근 강원도에서 새로운 금광이 발견되었다. 이는 석회암 내에 박테리아 크기의 금이 함유되어 있는 칼린형(Carlin-type) 금광상으로 미국 네바다 주에서 발견되어 1,000톤 이상 생산된 전 세계적으로 찾고 있는 새로운 유형의 금광이다. 몇 해 전 스카른 금광상의 발견에 이어 매우 반가운 소식이다.

역사적으로 황금문화가 새로운 역사를 지배하여 왔다. 이집트와 잉카제국을 비롯하여, 오늘날 미국과 일본도 금광개발로 강대국의 기틀을 마련하였다. 강원도에서 발견된 금광이 현대판 황금산업인 전자산업의 발전과 함께, 천 년 전 신라가 이루었던 황금산업의 역사를 다시 부활시킬 청신호가 되기를 기대해 본다.

12 통영 해저 금광

경남 통영의 남망산 공원은 아름다운 한려수도와 함께 해마다 여름이면 한산대첩을 기념하는 해전을 한눈에 볼 수 있는 전망대가 있는 곳이다. 이 공원 남쪽 해안 끝자락에는 일제강점기 때 금을 캐면서 매립하여 육지가 된 장자도가 있다.

장자도에 있는 통영광산은 문을 닫은 지 오래되어 지금은 지하갱도가 바닷물로 채워져 있으나 1921년 개발되어 1980년대 말까지 금을 캐던 우리나라 최대의 금광으로서 지금까지 생산한 금이 20톤(현재 시세로 5,000억 원)이 넘는다. 이곳은 최대 폭이 7m나 되는 금광맥이 남망산에서 장자도에 걸쳐 700m 이상 이어져 있으며, 당시에 금을 캐던 갱도가 해저 200m 아래까지 거미줄처럼 연결되어 있다.

통영광산은 온천수에 의해 형성된 금광(지질학에서 천열수형 금광상이라 함)으로 광석의 금 함량이 높을 뿐만 아니라 흰색의 석영과 연홍색 능망간석($MnCO_3$)이 아름다운 띠를 이루기 때문에 광물 수집가들에게 인기가 많다. 이러한 천열수형 금광은 지질시대에

통영광산은 온천수에 의해 형성된 금광으로 광석의 금 함량이 높을 뿐만 아니라 흰색의 석영과 연홍색 능망간석이 아름다운 띠를 이루기 때문에 광물 수집가들에게 인기가 많다.

높은 지열로 데워진 온천수가 미국의 옐로스톤 국립공원이나 뉴질랜드 등지의 간헐천에서 볼 수 있는 것처럼 물기둥이 되어 빠져나갈 때 땅 속의 압력이 낮아져서 형성된다. 한편 띠 모양의 무늬를 갖는 광석은 온천물이 데워져 수증기로 빠져나간 다음 찬 지하수가 섞이는 과정이 여러 차례 반복되어 생기는 것으로, 남한에서는 통영광산 이외 다른 지역에서는 찾기 어려운 현상이다.

일본 가고시마에도 통영광산과 같은 유형의 쿠시키노 금광이 있다. 이 광산은 지금도 금을 캐고 있지만 오래된 광산지역에 골드파크(Gold park)라는 금광 테마공원을 조성하였다. 엘리베이터와 모노레일을 이용한 지하갱도 여행(underground tour)과 다양한 금광체험을 할 수 있는 관광지로 개발하여 오늘날 규슈의 유명한 관광명소가 되었다. 이곳에서는 금이 든 술을 비롯하여 수많은 금제품과 함께 금광석이 인기 있는 기념품이다.

통영은 75년 전에 동양 최초로 만든 해저터널이 있는 곳이며, 또 지질학적 기원과 광석의 무늬가 특이한 통영 금광은 지질명소로서의 가치가 높다. 통영의 해저 금광이 테마공원으로 개발되고, 이곳에서 새로운 황금의 꿈이 실현될 날을 기대해 본다.

13 울산 달천의 철광산

울산 달천에서 고대 철을 캐던 채광유적이 발견되어 학계의 관심을 끌고 있다. 달천에서 발견된 채광흔적은 우리나라에서 가장 오래된 철광산으로 교과서를 바꿀 만한 가치가 있는 획기적인 고고학적 사건이라 하니 반가운 일이다.

인류가 처음 운석에 함유된 철을 사용한 이래, 본격적으로 철을 생산하기 시작한 것은 기원전 4세기경으로, 중국 전국시대 각 나라의 도읍지가 있었던 곳에서 철기유적이 출토되었다. 한반도에는 『삼국지 위지 동이전』에 영남지역이 고대로부터 철이 생산되던 곳으로 기록되어 있다.

울산 달천을 비롯하여 영남지역 철광상(경제적인 가치가 있는 철광물의 집합체)이 위치한 양산, 창원, 김해 등지에서 많은 고대의 철기유적이 발견되었고, 또 광산지역과 철제품 유물의 출토지가 지리적으로 일치한다. 철광의 생산과 제철기술은 고대국가의 국력을 판가름하는 척도가 되었다고 한다. 신라가 일찍부터 세력을 키운 원동력 중의 하나도 영토 내에 달천광산을 비롯한 많은 철광산이

달천광산의 철광물들이 아름다운 석류석 결정과 함께 수반되어 산출되고 있다.
아래는 석류석을 확대한 것임.

있었기 때문인 것으로 설명되기도 한다.

달천광산은 석회암을 교대한 스카른(Skarn) 광상으로, 50m에 이르는 타원형의 지표노두와 무 뿌리 모양의 철광체가 하부 250m까지 형성되어 있다. 적철석이 많은 김해와 물금, 동래지역의 철광석과는 달리 철의 품위가 높고 대부분 자철석으로 이루어져 있으며, 비소를 함유하는 유비철석(硫砒鐵石)과 텅스텐 광물인 회중석(灰重石) 및 석류석 결정 등이 함께 수반되어 있다.

달천광산은 문헌상으로 1906년 일본인에 의해 처음 개발이 착수된 이래 1970년대 중반부터 본격적으로 철광석을 채굴하여 최근까지 철광석이 생산되어 왔다. 그러나 철 광화대가 낮은 구릉지에 위치하고, 고품위 철광석 노두가 넓게 분포하여 발견이 용이한지라 고대로부터 개발된 철광상으로 추정되어 왔다.

제련된 철의 성분은 원광석의 차이에 의해 달라지기 때문에 원광석에 대한 지질학적 연구는 철의 생산지를 추정하는데 중요하다. 고대 철광산에 대한 정확한 위치는 오랜 기간 동안 계속된 채광으로 인해 원래의 모습이 보존되기 어렵다. 그러나 철광석과 철제품에 대한 대비연구를 통해 생산지의 추정이 가능하다. 달천의 채광유적 발견을 계기로 우리나라 고대의 철광 생산지에 대한 그동안의 의문점이 풀릴 수 있기를 기대한다.

14 고성의 구리광산
- 소가야의 기간산업

최근 카드뮴, 비소, 납 등이 토양오염 우려기준을 초과한 것으로 확인된 경남 고성지역에는 유난히 구리광산이 많다. 또 고성은 소가야의 도읍지로 송학동 고분군과 인근 유적지에서 당시의 많은 유물이 발굴되었다. 이곳은 가야를 비롯하여 신라, 백제, 일본의 다양한 유물들이 출토되어 당시 고성의 산업적 중요성을 말해준다.

고성은 함안, 김해, 고령, 성주지역과 더불어 예로부터 구리, 철, 금을 캐던 유명한 광산이 있던 곳이다. 그런데 이들 오래된 광산의 위치가 공교롭게도 소위 6가야의 중심지와 일치한다는 것은 흥미로운 일이 아닐 수 없다. 특히 다른 지역에서는 찾기 힘든 구리광산이 고성, 함안, 성주지역에서만 분포하고 있는 것은 우연으로 보기 어렵다.

소가야의 도읍지인 고성지역에 삼산광산과 삼봉광산 등 수많은 구리광산이 있고, 아라가야는 일제 강점기 동안 최대의 구리광산이었던 함안광산과 군북광산의 인근이며, 금관가야도 과거 철 생산의 중심지이었던 김해 철광지역에 위치한다. 그 외에도 대가야와 성산가야는 노다지 자연금의 생산으로 유명한 고령의 운수광산과 성주광산 지역에 있었다고 한다.

고대의 금속문화는 구리를 원료로 하는 청동기문화를 시작으로 하여 철과 금의 문화로 이어지는 것으로, 우리나라는 구리 생산을 기반으로 한 소가야와 아라가야 등 전기의 청동기문화 시대와 철기산업이 발전한 후기의 대가야와 금관가야를 거쳐 황금의 산업과 문화를 꽃피운 신라로 이어지는 것으로 볼 수 있다.

초기 역사시대에는 무기와 화폐, 연장을 만드는데 필요한 구리와 철의 생산이 가장 중요한 기간산업으로서 광산지역과 국가의 중심지가 일치하는 경우가 많다. 고대 유럽의 최대 구리광산이 위치한 지중해상의 사이프러스(키프로스라고도 함) 섬에서 청동기산업을 바탕으로 에게문명이 싹텄고, 근세의 서부개척시대에도 미국의 도시성장이 광산개발에 의해 이루어진 것과 같은 맥락을 지니고 있다. 미국은 서부개척시대 은을 생산하던 네바다의 작은 광산도시와 콜로라도주 덴버에 은화를 찍던 조폐창을 건립, 오늘날까지 이어지고 있다.

우리나라에서 청동기의 주조나 사용이 언제쯤 시작되었는지 분명하지 않으나 소가야의 도읍지인 고성의 패총에서 철 가공 유적과 함께 새문양 청동기가 발견되고, 인근 마산과 창원지역에서 많은 청동기시대 유적이 발견됨에 따라 소가야가 풍부한 구리 생산을 기반으로 금속산업을 이룬 것으로 추정이 가능하다.

고대국가의 기원과 성장을 무기와 연장을 제조하는 금속의 종류에 따른 광산 위치와 대비하여 연구한다면 지금까지 풀리지 않은 고대사의 해석이 가능하지 않을까 싶다.

물금광산과 고대의 제철단지

물금과 원동의 경계부에 병풍처럼 펼쳐진 오봉산의 마루턱 바위봉우리는 신라의 고운(孤雲) 최치원이 뛰어난 경치를 즐기던 임경대 유적이 있는 곳이다. 이 봉우리 일대는 철광이 분포하는 지역으로서 철광석의 녹물로 인해 황산으로도 불렸으며, 산의 서쪽에 과거 광석채굴의 흔적이 남아 있다. 또 등산로 여러 곳에서 자석에 잘 붙는 철광석들이 관찰된다.

물금지역은 지질학에서 스카른 광상(마그마에서 기원된 뜨거운 물의 작용으로 형성된 유용한 광물의 집합체)이라고 하는 질 좋은 철광석의 산지로 한때 우리나라 최대의 철광산이 있던 곳이다. 철광맥은 낙동강 건너편 김해의 매리광산까지 뻗쳐 있으며, 오랜 기간 광산 개발로 인해 오봉산 서쪽의 땅 밑에는 낙동강보다 수백 미터 아래까지 수많은 갱도가 거미줄처럼 이어져 있다.

김해를 중심으로 한 우리나라 남부지방은 『삼국지 위지 동이전』의 기록과 많은 철제 유물의 발굴로 일찍부터 뛰어난 제철기술을 가지고 있었던 것으로 알려져 있다. 그동안 철덩어리(鐵塊)를 이

자철석

물금광산에서 채취된 스카른형 철광석으로 석영과 함께
자석에 붙는 자철석이 주 구성 광물이다.

용한 정련 완제품을 생산하는 용해로(鎔解爐)나 단야로(鍛冶爐)가
확인되었으나 광석이나 사철(砂鐵) 원광을 이용한 유적이 확인되지
않아 고고학자들의 의문점으로 남아 있었다.

최근 물금과 김해 지사동에서 원석으로부터 철을 제련하는 용
광로 유적이 발견되어 물금광산이 위치한 오봉산 일대가 고대로부
터 철광석 공급지였던 것으로 추측되고 있다. 물금과 김해의 제철
유적에서 확인된 다량의 슬래그와 용광로 유적은 이 지역이 광산개
발에서부터 제련, 정련, 용해 등 일련의 종합시스템을 갖춘 제철단
지였음을 시사한다.

남한지역의 철광은 강원도와 충청도에도 분포하나 물금과 김해, 울산, 동래, 감천 등 대부분 동남부에 집중되어 있으며, 그 중 물금, 김해, 울산지역이 대표적 산지이다. 강원도와 충북지역의 철광은 대부분 깊은 골짜기나 높은 산에 위치하여 개발과 운송이 어려운 데 반해, 물금과 김해지역의 철광은 주거지에 인근한 낮은 산이나 강가에 위치하고 있다. 이 지역에서 생산된 철은 낙동강과 평지의 도로를 통해 김해의 지산, 동래, 양산, 경주, 진천 등 제철유적이 발견되는 내륙지방까지 공급이 가능하였던 것으로 여겨진다.

　　'철(鐵)의 국가'인 가야가 성장할 수 있었던 주요 배경의 하나로 풍부한 철과 생산기술을 꼽는다. 오늘날 포항과 광양에 있는 세계 최대의 제철소는 가야에서 그 뿌리가 시작된 것이리라. 최근 물금과 김해 지사동지역에 첨단과학 연구 단지를 정한 것은 우연한 일이 아닐 것이다.

16 좌천 달음산의 구리광산

구리는 판구조 이론에서 끝부분이 뾰족한 해양지판이 다른 부분보다 더 깊숙이 대륙지판 밑으로 파고들어갈 때 해양지각의 일부가 용융되어 형성된 마그마로부터 기원되는 것으로 알려지고 있다. 부산 동북쪽에 위치한 기장의 달음산은 백악기 화산암과 나중에 뚫고 들어온 석영몬조니암(화강암의 일종)으로 이루어져 있다. 이 석영몬조니암 내에는 수직의 원통형 각력파이프가 있으며, 그 속에는 고품위의 구리광석이 함유되어 있다.

역사가 깊은 우리나라의 놋그릇과 유기그릇(놋쇠로 만든 기물의 총칭)의 주원료가 구리인 것을 볼 때 오래전부터 많은 구리광산이 개발되었음을 알 수 있다. 대부분의 구리광산은 우리나라 동남부에 있으며, 군북, 창원, 고성지역 광산을 비롯하여 부산의 철마광산, 용호광산, 일광광산이 대표적이다. 그 중 일광광산은 해방 이전까지 우리나라 최대의 구리광산으로, 문헌상에는 일제의 강점기 때인 1931년 발견된 것으로 되어 있다. 그러나 황동석과 반동석으로 구성된 고품위 구리광석이 지표에 노출되어 있어, 그보다 이전의

일광광산에서 채취된 구리광석으로
황동석과 반동석 등이 수반되며, 소량의 금이 함유되어 있다.

역사시대에 구리광산이 있었던 자리를 재개발한 것으로 짐작된다. 기장과 울산지역 주변에는 청동유물이 다수 출토된 곳이므로 일광광산이 우리나라 청동기문화를 발전시킨 오래된 구리광산이 아닐까 짐작해 본다.

역사시대 우리나라 남부지역에서 청동기와 철기문화를 발달시킨 철과 구리광산의 위치와 각종 금속제품 유물의 출토지가 지리적으로 일치되는 것은 함안지역과 함께 기장 일대가 고대 우리나라 최초의 금속산업단지가 시작된 곳임을 짐작케 한다. 이는 오늘날 포항의 제철소와 온산에 있는 세계 최대의 동 제련소를 있게 한 근원이 아닐까 생각된다.

한편 일광광산은 1980년대 폐광된 후 광미와 폐석으로부터 산성광산배수와 중금속오염이 발생하여 주변의 하천과 농경지를 비롯한 토양의 오염이 확인됨에 따라 지난 2000년 초 대대적인 복원공사가 이루어졌다. 일광광산 산성배수에서 철성분을 흡수하여 침철석과 적철석을 만드는 철박테리아와 특정 중금속원소를 선택적으로 흡수하여 세포 내에 농집하고 고정시킴으로써 오염을 자연적으로 제거하는 것이 확인되어, 광산지역의 산성배수와 토양을 저감하는 실험장으로 활용되고 있다.

일광광산 오염지역에서의 자연적인 자정능력과 토양 및 수질오염의 복원에 대한 연구는 새로운 환경기술의 발전에 대한 실험장이 되고 있다. 그러므로 자연을 실험실로 한 새로운 오염처리기술을 개발하여 과거의 화려했던 금속문화를 환경기술로 재도약하였으면 한다.

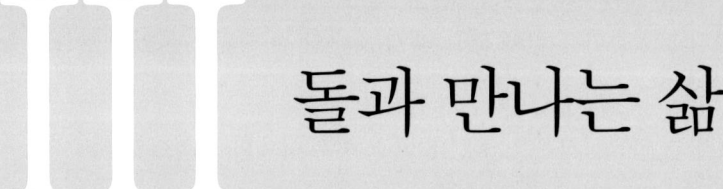

III 돌과 만나는 삶

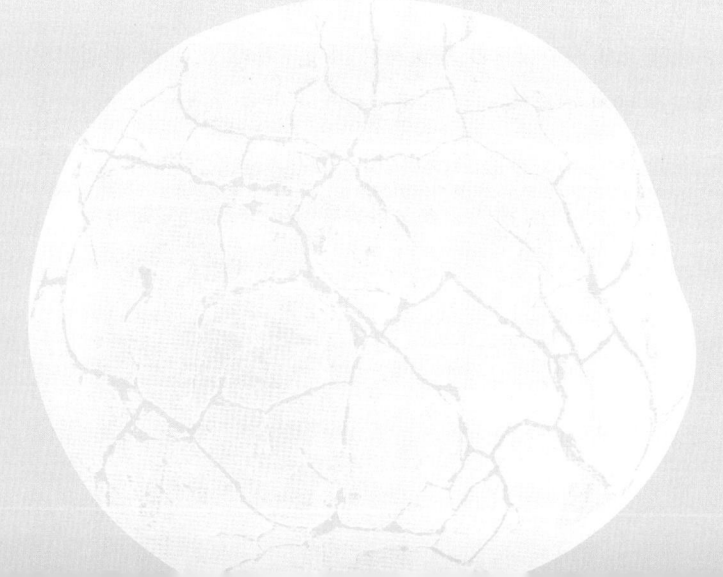

국토의 면적에 비해 우리나라만큼 다양한 시대의 암석이 산출
되는 나라도 드물다. 땅 전체가 지질박물관이라고 불릴 만큼
태고의 시생대로부터 신생대에 이르는 각 지질시대의 지층과
암석이 고르게 분포되어 있다. 이는 우리가 오랜 역사와 다양
한 문화를 지닌 것과 마찬가지로 지질학적 관점에서도 그 역
사가 깊고, 또 다양한 암석과 광물자원이 부존되어 있다.

01 우리 땅의 역사

일반적으로 암석의 나이는 방사성 동위원소의 반감기를 이용하여 측정한 절대연령으로 나타낸다. 그러나 지질연대는 왕조의 흥망에 의해 역사시대가 구분되는 것처럼 지질학적 대사건을 기준으로 태초의 시생대를 시작으로 원생대, 고생대, 중생대, 신생대로 구분한다. 예를 들어, 중생대와 신생대의 구분은 6천5백만 년 전 운석 충돌로 인한 지구환경의 변화로 공룡 왕조(?)가 멸망하고 새로이 포유류 시대가 시작된 시점을 기준으로 삼는다.

지구상에서 가장 오래된 암석은 캐나다 북서부의 국경지대에 있는 아카스타 강의 섬에 분포하는 편마암으로, 그 연령은 39억 6천만 년이다. 이 편마암이 발견되기 전에는 서부 그린란드 이수카시아의 38억 년, 동 남극 엔더비랜드의 약 39억 3천만 년이 가장 오래된 암석연령으로 꼽혔다.

한편 우리나라에서 가장 오래된 암석은 강원도 화천의 백립암(白粒巖, 높은 열과 압력을 받아 만들어진 변성암)으로 29억 년의 나이를 갖는다. 이 연령은 백립암에 함유되어 있는 지르콘이라는 광물에서 측정된 것으로서, 암석의 나이를 직접적으로 의미하는 것은 아닐지라도 한반도 땅이 최소한 29억 년의 역사를 지니고 있다는 것을 의미한다.

국토의 면적에 비해 우리나라만큼 다양한 시대의 암석이 산출되는 나라도 드물다. 땅 전체가 지질박물관이라고 불릴 만큼 태고의 시생대로부터 신생대에 이르는 각 지질시대의 지층과 암석이 고르게 분포되어 있다. 이는 우리나라의 역사가 오래되고 다양한 문화를 지닌 것과 마찬가지로 지질학적 관점에서도 그 역사가 깊고, 또 다양한 암석과 광물자원이 부존되어 있다.

우리나라 역사를 지질역사와 견주어 보면 흥미롭다. 지리산과 소백산 지역의 십억 년이 훨씬 넘는 선캄브리아기 변성암은 그 기록을 찾기 어려운 단군왕조나 고조선에, 수억 년 전에 형성된 강원도 지역의 고생대 태백산 분지 지층은 화석을 비롯한 풍부한 지질학적 기록이 남아 있어 역사기록과 유적 유물이 많은 삼국시대 내지 통일신라와 고려시대에 비교될 수 있다. 그리고 대규모 마그마 관입과 활발한 화산활동이 있었던 중생대는 상대적으로 최근으로 볼 수 있는 조선시대에, 천연가스와 석유가 발견된 퇴적층과 백두산과 한라산을 만든 신생대 화산암은 오늘날 대한민국에 해당되는 시기이다.

'신토불이'라는 말과 같이 인간은 땅의 기운과 조화를 이루면서 살아왔다. 우리 땅에서 살아온 사람이 중심이 된 역사뿐만 아니라 장구한 땅의 역사에 대해서도 관심을 가진다면 우리들의 삶이 더욱 풍요로울 수 있으리라 생각된다.

Jeju Island

부경대 자원환경연구실

지구에서
가장 오래된
암석이 발견
되는 그린란드

우리나라에서
가장 오래된
암석이 발견
되는 지리산

우리나라에서
가장 젊은
암석이 발견
되는 제주도

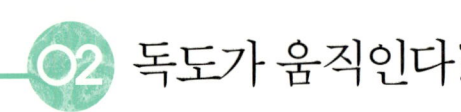

02 독도가 움직인다?

독도는 울릉도 동남쪽 89.493km에 위치하며, 동도와 서도를 비롯하여 30여 개의 작은 바위섬으로 이루어져 있다. 바다 속에 잠겨 있는 밑둥치의 폭이 25km나 되고 높이가 2,000m에 달하는 한라산보다 높은 해산, 즉 바다 속의 산이다. 독도 해수면 아래 약 200m에는 평정해산(平頂海山)이라는 넓은 평지가 있고, 이 평지 위에 첨탑처럼 솟아 있는 아주 작은 부분이 우리가 보고 있는 섬인 독도이다.

'우산국'이라 불리던 독도는 신라 지증왕 때 이사부에 의해 처음 우리 땅으로 편입되었으며, 조선시대 『세종실록지리지와』와 『동국여지승람』 등 여러 고문헌에 기록이 남아 있는 우리의 고유영토이다. 1952년 한국정부가 '인접해양의 주권에 관한 대통령 선언'을 발표하면서 독도에 대한 한 · 일 간 의견 차이가 심했으나, 제2차 세계대전 후 대한민국의 독립과 함께 주권이 자동적으로 원상회복되면서 독도는 현실적으로 우리가 살고 있는 의심할 여지없는 우리 땅이다.

독도와 주변해역에 대해서는 1990년 초부터 본격적인 해양조사가 시작되었으며, 최근 독도의 형성과정에 대한 새롭고도 놀라운 사실들이 밝혀지고 있다. 독도는 신생대 플라이오세(460~250만 년 전)에 탄생한, 제주도와 울릉도보다 100만 년 이상 먼저 생긴 화산섬이다. 1,500만 년 전 처음 동해가 생기고, 오랜 시간이 지난 후 바다 밑 깊은 곳에서 용암이 분출하여 해산을 이룬 것이 독도이다. 250만 년 전 독도에서 분출한 용암은 '독립문'과 '탕건바위'로 아름다운 경관을 자아내고 있다.

독도와 울릉도를 비롯한 주변의 해산들은 지질시대에 동해가 점점 크게 확장되는 동안 해양지각이 컨베이어 벨트처럼 동쪽으로 이동하여 열점 위를 지나는 동안 차례대로 발생한 화산분출에 의해 형성된 섬들이다. 이는 하와이 열도 섬들이 서서히 북서쪽으로 이동함으로써 일직선의 화산섬 대열을 이룬 것처럼 독도 하부의 지판이 동남쪽으로 조금씩 움직이는 과정에서 생겨났다는 뜻이다.

동쪽 끝에 있는 동해 해산이 맏형이고, 울릉도는 네 형제 섬 중 가장 늦게 생긴 막내에 해당된다. 그리고 맏이인 동해 해산과 막내인 울릉도의 나이 차이는 대략 100만 년 정도이다. 이처럼 독도는 해산의 진화과정, 특히 해산의 변천단계가 잘 보존되어 있는 세계적으로 보기 드문 화산섬으로 지질학적으로도 매우 큰 가치가 있다.

이 섬들은 미국 하와이 열도의 여러 섬들처럼 해양지각 깊은 곳에 위치한 열점(hot spot)이라고 하는 용광로의 작용에 의해 형성된 화산섬이다. 하나의 사슬을 이루고 있는 이 섬들 중에서 울릉도와

독도는 밑둥치의 폭이 25km나 되고 높이가 2,000m나 되는
한라산보다 높은 해산, 즉 바다 속의 산이다.

독도는 지금까지도 남아 있지만, 이 두 섬보다 먼저 탄생한 동쪽의
동해 해산과 탐해 해산은 동해의 거센 파도에 깎여 해수면 아래
200m와 220m에 모두 잠겨 있다.

　화산섬들이 움직이는 속도는 섬 간의 거리와 섬의 형성 시기
(화산분출 시기)를 이용하여 대략적으로 추정할 수 있으며, 하와이
열도는 일 년에 9cm 정도 움직이고 있다. 독도와 울릉도의 거리
90km와 두 섬의 나이 차 100만 년을 감안하면, 독도는 일 년에 약
1cm 정도 동쪽으로 이동하였다고 해석할 수 있다. 이러한 현상은
지금도 계속(?)되는 것으로 추정되고 있어, 수백만 년 후에는 독도

가 현 위치에서 수십km 동쪽으로 이동되고 그만큼 동해바다가 넓어지게 되는 것이다.

우리는 오늘날의 독도가 200만 년 동안 동해바다의 거센 침식 작용을 견디고 마지막으로 남은 섬의 일부라는 것을 잊지 말아야 한다. 게다가 독도를 구성하고 있는 대부분의 암석은 균열과 절리가 많아 훼손에 취약한 것으로 평가되고 있다. 먼 훗날 독도가 훼손되어 망실된다면 독도가 기준점이 되는 우리의 바다면적이 줄어들 수도 있다. 인위적인 개발로 인해 파괴와 훼손이 일어나지 않도록 독도를 보존하는 것 역시 우리의 해양영토를 지키는 지름길이며, 또한 독도를 아껴야 하는 이유가 아닌가 생각해 본다.

03 양산단층

단층은 지각변동에 의해 지각 사이에 생긴 틈을 경계로 양쪽 지층이 움직여서 어긋난 것을 말한다. 부산과 경남 일대에는 소위 '양산단층'을 중심으로 동래단층, 밀양단층 등 서로 평행한 여러 개의 단층들이 분포하고 있다. 그 자취는 인공위성 사진에서 잘 관찰되는데 양산단층의 갈라진 틈은 낙동강과 부산 경주 간의 고속도로를 따라 연결되어 있으며, 동래단층과 밀양단층도 긴 골짜기를 이룬다. 양산단층과 동해가 만들어진 것은 같은 지질현상으로 먼저 패인 깊은 틈은 동해바다가 되었고 나중에 생긴 틈은 강이나 깊은 골짜기가 된 것이다.

1억 년 이상의 지질시대 동안 일본은 아시아 대륙 동쪽 끝에 붙어 있던 육지였다. 일본이 한국과 떨어진 것은 두 나라의 역사만큼이나 길고도 복잡한 사연을 지니고 있다. 4천만 년 전 두 땅덩어리는 지하 깊은 곳의 맨틀 움직임에 의해 갈라지기 시작하여 오늘에 이르고 있다.

일본이 유라시아 대륙에서 떨어져나간 것은 미국의 서부 산안

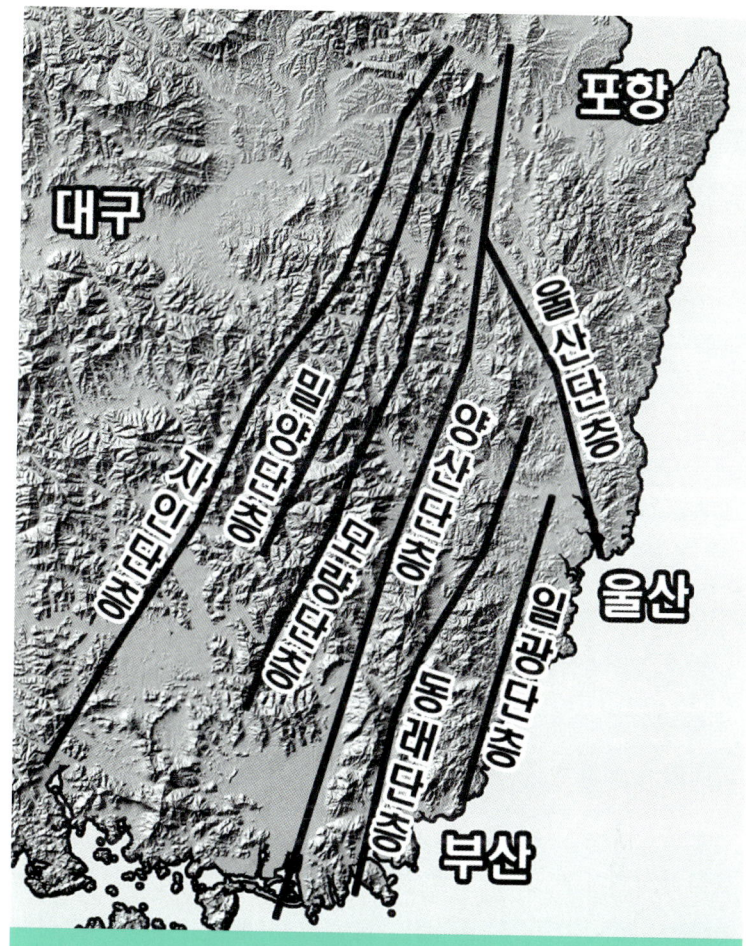

포항

대구

울산단층

밀양단층

자인단층

양산단층

모량단층

일광단층

울산

동래단층

부산

부산과 경남 일대에 분포하고 있는 단층.
단층은 지각변동에 의해 지각 사이에 생긴 틈을 경계로 양쪽 지층이 움직여서
어긋난 것을 말한다.

드리아(San Andrea)단층의 갈라진 틈으로 바닷물이 들어와서 캘리포니아 만이 형성된 것과 같은 지질학적 현상이다. 한국과 일본열도가 처음 갈라져 패인 자리에는 조그만 하천과 호수가 생기고, 오랜 지질시간이 지남에 따라 그 틈이 넓어지고 깊어져 동해바다가 만들어진 것이다.

지층은 현재 우리가 보는 것처럼 견고한 기반 위에 언제나 안정된 것이 아니라 지질시대와 역사시대 동안 단층과 같이 갈라진 틈을 경계로 움직이고 있다. 우리나라 지진은 멀리 히말라야 산맥에서 인도와 유라시아 판이 서로 충돌하면서 생긴 거대한 힘이 판 내부로 전파될 때 약한 단층면을 따라 일어나는 것이라 한다.

최근 우리나라에서도 지진 횟수가 부쩍 늘어나고 있어 한반도가 결코 지진 안전지대가 아님을 우려하고 있다. 게다가 부산을 포함한 동남부지역의 단층에 대해서도 활성단층(과거 3만 5천 년 동안 한 번 또는 50만 년 이내에 두 번 이상의 움직임이 있었던 단층)의 여부에 대한 논란이 많다.

부산과 인근지역은 고리와 월성 원자력 발전소를 비롯하여 국보급 문화재가 많은 경주, 국내 최대의 공업벨트인 울산, 온산, 포항 공단이 자리 잡고 있어 활성단층의 여부는 매우 중요한 사회 문제가 될 수 있으며, 우리가 더욱 땅에 대한 관심을 가져야 할 이유가 되기도 한다.

김해 패총 - 과거의 해안

옛날 사람들이 바다에서 채취하여 먹고 버린 조개무지인 패총 (貝塚)은 토기와 석기 등의 유물이 함께 출토되기 때문에 고고학적 연구에 매우 중요한 가치를 지닐 뿐만 아니라 과거 해안의 위치나 해수면의 변동을 지시해 주는 단서이다.

우리나라 패총은 신석기시대를 시점으로 삼국시대까지 다양한 시대에 걸쳐 형성된 것으로, 마산의 성산패총과 가음정동패총, 부산의 다대포패총과 동삼동패총 등 일부를 제외하고는 대부분 김해지역에 분포되어 있다.

김해의 패총 중에서 신석기패총은 일부 지역에 한정되어 분포하지만, 고대의 패총은 신석기시대의 것보다 해발고도가 다소 높은 구릉에서 많이 발견되었다. 패총은 대부분 규모가 크고 내륙에 위치하기 때문에 바다에서 조개를 채취하여 먼 곳까지 옮겨와서 버린 것으로 생각하기 어렵다. 그래서 내륙의 해발고도가 높은 구릉에 패총이 있는 것에 대해서 궁금함이 많아질 수밖에 없다.

최근 내륙지대인 김해 장유패총에서 3세기경의 철기와 함께

김해패총. 패총(貝塚)은 토기와 석기 등의 유물이 함께 출토되기 때문에 고고학적 연구에 매우 중요한 가치를 지닌다.

해안 흔적이 발견되어 그 당시의 해수면이 현재보다 4~5m 높았음이 확인되었다. 이것은 패총이 만들어진 후에 해안의 위치가 변했다는 것 외에는 달리 설명하기 어렵다. 또 지금은 해변에서 멀리 떨어진 곳에 위치한 김해 예안동의 해식동굴(파도의 침식으로 해안에 생기는 동굴)과 사주(해변의 모래사장)는 과거 해안의 위치를 지시하고 있어 이 같은 사실과 잘 일치한다.

　　해수면이 낮아지는 것은 빙하의 성장 또는 지반의 융기에 의해 일어난다. 그러나 3세기를 전후하여 해수면이 4~5m나 내려갈 정도로 극지방의 빙하가 성장했다는 기록은 전 세계 어느 곳에서도 발견되지 않으므로 3세기 이후 어느 시점에서 김해지역이 융기했을 가능성이 높다. 김해의 해수면과 육지가 접한 부분의 암석에 생기는 자국인 고정선(古汀線)이 기울어져 있는 것은 융기의 현상을 뒷받침하는 증거가 될 수 있다.

　　김해지역의 융기는 매우 강한 지진에 의해서 가능하나 지진에 대한 증거는 구체적으로 알려져 있지 않다. 『삼국유사』에 경주에서 강력한 지진으로 인해 집이 무너지고 사람이 죽은 기록이 여러 군데 남아 있어, 고대의 지진에 의한 가능성으로 추측해 볼 따름이다. 이는 경주와 김해가 최근 활성단층으로 논란이 되고 있는 양산단층대 위에 있다는 점에서 더욱 그럴듯하게 들린다.

05 해저로 흐르는 강

3월 22일은 유엔이 정한 세계 '물의 날'이다. 급격한 인구증가와 산업화로 인해 전 세계적으로 물 부족 사태가 심각해지고, 물 부족을 해소하기 위하여 남극의 빙하, 사막의 안개, 인공 강수 등 다양한 아이디어가 제안되고 있다. 우리나라도 댐 건설이 수월하지 않게 되면서 지표수를 인공적으로 지하에 저장하거나 지하수가 흐르는 유동경로를 막는 지하댐을 조성하는 등 여러 가지 연구가 진행되고 있다.

지구상에 존재하는 물의 97%가 지하수로 존재하지만 그 중 1%에도 미치지 못하는 적은 양만 이용될 뿐이다. 육지에서 많은 양의 지하수를 개발하기 위해서는 수백 미터의 깊은 우물을 파야 하며, 고도의 기술과 많은 비용이 소요된다. 더욱이 부산과 같은 해안에 위치한 도시의 지하수 개발은 비중이 높은 바닷물의 침입으로 여러 가지 문제가 발생할 수 있다.

지금까지 해저에서 용출되는 지하수(해저용출수)자원에 대해서는 잘 알려져 있지 않았으나 최근의 연구 결과, 담수 지하수의 해저유출량이 강물의 5~6%에 이르고, 재순환된 염수까지 합하면 그 양이 강물의 약 절반에 이르는 것으로 알려지고 있다. 이것은 낙동강 수량의 5%에 해당되는 해저용출수가 부산지역의 바다 밑에서 강이 되어 흘러나오고 있다는 것을 의미한다.

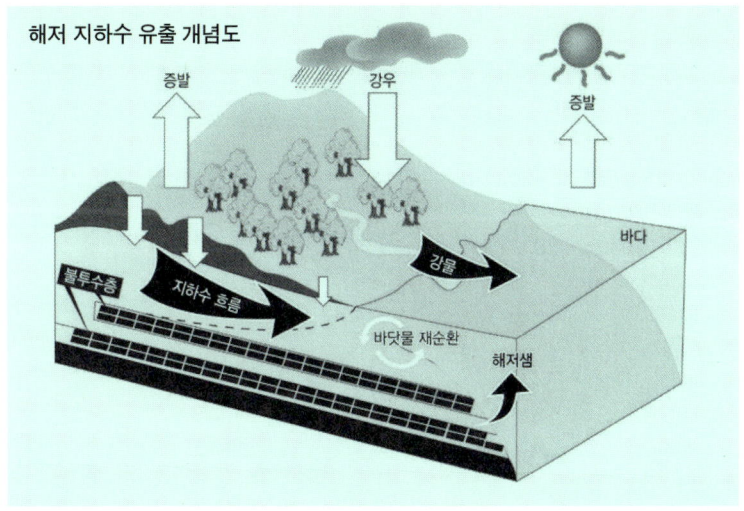

부산은 해양도시인데다 산이 많아 해저용출수의 형성이 용이하고 개발하기도 좋다. 금정산이나 장산과 같은 산지에서 땅 속 깊이 스며든 물이 지하수맥을 따라 이동, 해안에서 멀리 떨어진 바다 밑 깊은 곳으로 흐르면 강을 이루게 될 것이다. 육지에서 낮은 지역으로 물이 모여 강을 이르는 것과 같은 이치로 해저에서 용출되는 지하수는 암석뿐만 아니라 바닷물로 인한 압력을 받기 때문에 해운대나 기장의 바다 가운데 가장 압력이 낮은 곳에서 강이 되어 흘러

나올 것으로 추정된다.

건강한 삶을 위해 청정지역에서 채취되고 엄격한 수질검사를 거쳐 시판되는 '먹는 샘물'도 모자라서 육각수, 자화수, 환원수를 비롯하여 해저 수백 미터에서 끌어올린 '심해 저층수'를 찾는 것이 요즘의 추세다. 해저의 강, 해저용출수는 태고 때부터 지하로 유입되어 오랜 시간 땅 속 깊은 곳을 흘러 마침내 해저에서 솟구쳐 나오는 물로서, 수온이 일정하고 깨끗할 뿐만 아니라 무기질이 풍부한 알칼리성 천연암반수이다. 이제부터 바다 밑을 흐르는 지하의 강을 찾고 개발하여 식수로 이용함으로서 부산을 물 좋은 도시로 가꾸도록 하자.

06 해운대 온천수의 비밀

해운대는 신라시대 문인 최치원 선생이 자신의 자를 따서 지은 지명으로 구석기 유적이 남아 있는 것으로 보아 까마득한 옛날부터 사람이 살았던 곳이다. 해운대의 명물 중 하나인 '달맞이 고개'는 예로부터 달을 볼 수 있는 풍치가 아름다운 곳으로, 요즈음도 새해 해맞이와 정월 대보름 달맞이를 위해 많은 인파가 몰린다. 이 밖에도 해운대의 명물로는 지난해 APEC 정상회담이 열린 누리마루가 있는 동백섬, 7천만 년 전 공룡시대의 화산암으로 이루어진 장산, 세계 어느 곳보다 아름답고 긴 백사장 등이 있다. 그러나 해운대의 진정한 가치는 태고의 신비를 간직한 해운대 온천에 있다고 해도 과언이 아니다.

해운대 온천수는 수백만 년 전 동해바다 깊은 곳이 갈라지고, 그 영향으로 생긴 좁은 틈을 따라 올라온 마그마의 열로 데워졌다. 해운대 온천수에는 칼슘과 염분 등 총 용존고체 함량이 높아 식염천(Na-Cl형)으로 분류된다. 식염천은 지하수가 가열되어 바닷물과 섞인 경우와 바닷물이 가열된 후 지하수와 섞인 경우에 생기는데,

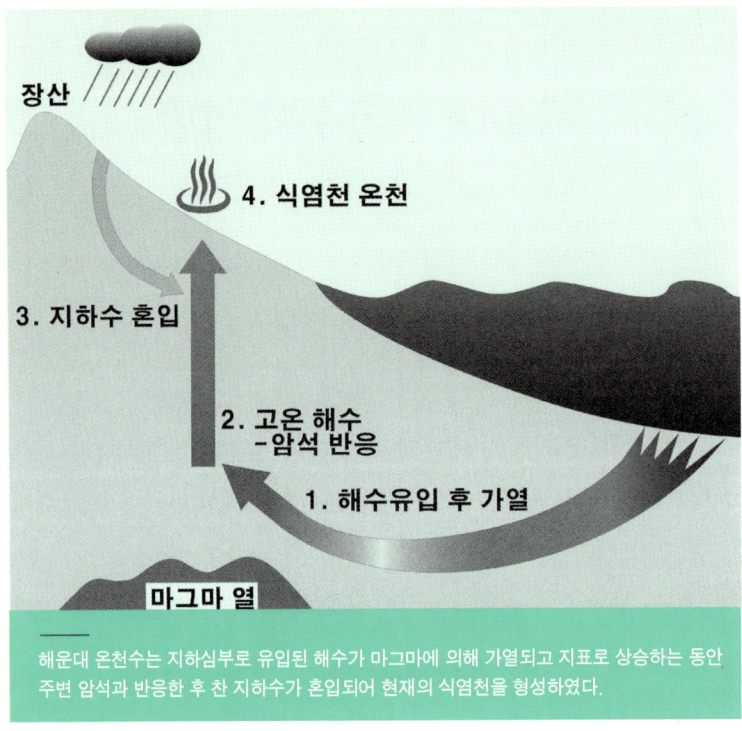

해운대 온천수는 지하심부로 유입된 해수가 마그마에 의해 가열되고 지표로 상승하는 동안 주변 암석과 반응한 후 찬 지하수가 혼입되어 현재의 식염천을 형성하였다.

최근 연구에서 해운대 온천수는 심부로 순환하는 바닷물이 지하 깊은 곳의 열원에 의해 섭씨 150도까지 가열된 후 지표로 상승하는 동안 장산 쪽의 찬 지하수와 섞여 형성된 것으로 보고하였다.

해운대 온천수는 바닷물에 비해 칼슘의 농도가 높은 반면 마그네슘의 농도가 낮다. 이런 특징은 바닷물이 가열된 후 단순하게 담수 지하수와 섞인 것이 아니라 지하 깊은 곳에서 오랜 시간 주변 암석과 반응을 거쳤다는 것을 의미한다. 원래 바닷물에 녹아 있던 많은 양의 마그네슘은 암석에 함유되어 있는 규소와 반응하여 녹니석이라는 점토광물을 형성하는 데 소모되어 그 함량이 낮아진 것이다.

온천수 중에서는 주변의 자화된 암석의 영향으로 소위 '자화수'가 형성되는데 해운대 온천은 이러한 조건을 잘 갖추고 있다. 오늘날 육각수와 함께 자화수가 새로운 생명수로 인식되는 현실을 보면 해운대 온천수는 우리에게 더욱 귀중한 자원인 것이다. 오묘한 자연의 섭리로 만들어진 해운대 온천이야말로 진정 부산의 보물이며, 자연이 부산 시민에게 준 가장 좋은 선물 중 하나임에 틀림없다.

07 폭우와 산사태

태풍 '루사'와 '매미'의 악몽이 채 가시기도 전에, 또 다른 자연재해가 이어져 도로가 막히고 가옥이 매몰되어 수백 명의 인명피해와 엄청난 재산 손실을 가져오는 사건이 발생하고 있다.

우리나라 지형은 많은 비가 오면 불어난 물길을 따라 수해가 자주 발생하였기 때문에, 우리 조상들은 자연히 물길과 산사태를 피해 안전한 곳에 터전을 마련하고 살아왔다. 그래서 예전에는 오늘날과 같은 큰 피해가 일어나지 않았다.

부산은 과거 무분별한 산지개발로 인해 유난히 산사태가 많았다. 1985년 35명의 인명과 36채의 가옥이 파손된 황령산 산사태를 비롯하여, 백양산과 최근의 번영로 진입로 붕락 등 1970년대 이후 50회 이상의 크고 작은 산사태로 고통을 겪었으며, 지금도 산사태의 위험에 노출된 지역이 많다.

최근 경제성만 따지는 각종 개발이 이루어지면서 수십 년 동안 끄떡없던 지역에서 인재(人災)로 인한 홍수와 함께 산사태가 늘어나고 있다. 법으로 정한 기준에 맞춰 설계와 시공을 하였다 하더라도 비로 인해 산사태가 일어났다면 그것은 사면에 대한 특성평가가 잘못된 것으로 볼 수 있다.

산사태는 강우량의 증가로 인한 직접적 요인 이외에 암석의 구조, 구성 광물의 종류와 함량, 경사도 등 지질학적 특이성에 의한 잠재적 요인으로 인해 발생한다. 처음 공사할 때만 해도 멀쩡했던 암석이 빗물과의 반응에 의해 흙보다 강도가 낮은 연약한 지반으로 변하거나 기름과 같은 윤활성 물질이 되어 사면이 무너져 내리는 경우를 경험한다.

강우량 예보 외에는 별 도리가 없는 기상학적인 관점보다는 땅에 대한 정확한 전문적인 지질조사를 바탕으로 사전에 대책을 세울 때 산사태는 예방이 가능하다. 산사태는 대부분 도로나 산지개발 또는 인위적인 변형을 가한 부분에서 일어나기 때문에 인공위성자료와 GIS(지리정보 시스템) 기법으로 취약지역의 분석과 예측이 가능하다.

부산을 비롯한 언양, 김해, 양산은 최근 급속한 인구증가와 산업화로 인해 지형학 특성상 산지 개발이 많이 이루어지고 있다. 많은 비가 내릴 경우 언제 위험에 처할지 알 수 없는 일이다. 엄격한 지질조사를 실시하여 또다시 지난날의 황령산 산사태와 같은 악몽이 일어나지 않도록 사전에 대비해야 할 것이다.

O8 지구방사 에너지와 수맥

생명의 기원과 진화뿐만 아니라 인간의 건강도 지질환경과 불가분의 관계를 갖는다. 예로부터 우리 조상들은 신토불이라 하여 각 지역의 산물은 산천의 기운과 조화되어 결실된 음식을 즐기고, 인간과 천지가 서로 반응하여 건강에 좋은 명당의 영역(건강섬, 健康島)과 병을 유발할 수 있는 해로운 영역(병섬, 病島)이 존재한다고 믿어왔다.

땅으로부터 발생되는 전자기파는 지전류와 지자기 및 열에너지의 전환에 의해 자연적으로 발생하며 광석의 풍화, 암석의 전·자기적 성질 및 지하에 존재하는 물의 성분, 온도와 압력의 변화에 의해 달라진다. 이러한 원리를 이용, 지하의 각종 자원을 찾는 데는 중력, 자력, 지전류 등 지구물리 탐사법을 이용한다.

수맥이라 일컫는 지질구조대(단층처럼 암석 내에 약한 부분이 길게 연결된 곳)는 땅 속 아주 깊은 곳까지 뻗혀 있고, 전기전도도가 높은 지열수로 채워져 있어 전자기파 형성이 용이하다. 한편, 수맥파는 인간의 직관으로 인지할 수 있는 자연파의 총칭(유익한 파장과 유해한 파장 포함)으로서 일반적인 전자파와 마찬가지로 복사, 침투, 공명 흡수 등의 효과를 지니며, 어떤 물질에 입사하면 산란, 투과, 흡수, 굴절, 반사 등의 현상이 일어난다.

인체가 수맥파의 영향을 받게 되면, 특정 파장대의 전자파를 흡수하게 되며, 이때 인체 내부에 여러 가지 작용이 발생한다. 수맥파에 장기간 노출될 경우 뇌파 등 인체의 전자기장을 간섭함으로서 두통에서 암에 이르는 각종 질병을 유발할 수 있다는 연구가 발표되어 수맥파에 대한 관심이 매우 높아지고 있다.

인체의 각 기관이나 부위에 따른 흡수력의 차이는 전자파의 세기와 물질의 물리적 특성에 따라 좌우되며, 이러한 현상은 인체에 유익한 에너지 지대(growth zone, 서기맥)에 놓여 있을 경우 흡수된 내부에너지가 인체 내에서 활성화되어 건강에 도움을 주게 되는 경우이다.

수맥파와 서기맥파는 인체의 세포에 흡수되어 공명현상이 유도(공진운동)되고 그 결과 세포를 구성하는 분자 내에서 에너지가 발생되어 활성을 높이거나 낮춤으로서 건강에 영향을 주게 된다. 수맥파와 서기맥파는 단지 방사에너지 측정만이 가능하며 배경치의 노이즈와 구분이 어렵다는 것이 일반적인 견해이다. 효과적인 측정기구의 개발이 시도되고 있다.

우리나라에는 서울의 삼각산, 계룡산, 선암사 등 명당이 많다. 부산 금정산 범어사 경내에 특별히 기운이 좋은 곳이라 하여 기를 수련하는 사람들이 많이 찾는 곳이 있다. 흔히 말하는 기감(氣感)이 뛰어난 도인(?)들에게 명당으로 알려진 곳이다. 기운이 좋다는 명당은 대부분 독특한 지질환경을 갖는 지대로서 이는 지구방사에너지의 분포 특성과 연관됨을 짐작할 수 있다.

우리나라의 명당은 화강암지대가 많다. 화강암은 지하 수 킬로미터에서 마그마가 아주 서서히 식어서 형성된 돌로서 조직과 성분이 일정할 뿐만 아니라 암석이 지니는 자기장이 일정한 방향으로 배열되어 있다. 이 암석 내에 수맥이 형성된다면 다른 곳보다 더 강한 전자기장을 형성할 수 있다. 이때의 전자기파가 인간에게 이롭다면 명당(건강섬)이 되고, 그 반대인 경우에는 병인 지질대(병섬)로 구분된다.

인간은 지구라는 큰 자석 위에 놓여 있는 약한 자석으로 비교될 수 있다. 작은 자석은 그보다 더 강한 자장 위에 놓일 때 극(N과 S극)의 일치 여부에 따라 자신의 자력을 잃을 수도 또 강하게 할 수도 있다. 수맥을 이루는 지질구조대에서 형성된 전자기파(수맥파)의 영향이 정상적인 생체 자기장을 교란하여 병을 유발할 수 있음이 보고되고 있다. 지구방사에너지에 대해 올바로 이해하고, 수맥과 명당지대에 대한 과학적 연구도 병행되어야 할 것이다.

09 산성 암석과 토양

　부산 · 경남지역에서 도로 공사나 토지개발 공사를 할 때 간혹 식물이 전혀 자라지 않는 지층을 볼 수 있다. 이는 강산성을 띠는 토양이기 때문이다. 이런 토양은 바닷물의 영향을 받은 층과 지질시대 화산성 지열수에 의해 형성된 것이 많다. 납석광산의 황화광물(주로 황철석)을 함유한 지층이 풍화에 의해 산화한 경우도 많다.

　황화광물이 땅 속에 묻혀 있을 때는 별다른 피해를 주지 않는다. 하지만 대기 중에 노출되면 급속히 산화되어 토양뿐만 아니라 산성배수로 수질에도 심각한 환경문제를 일으킨다.

　우리나라에서는 대규모 간척사업과 도로 공사 등으로 피해가 발생한 예가 많다. 특히 김해와 밀양의 평야에서 산성토양 문제로 인해 집단민원이 발생한 사례도 빈번했다. 산성토양에 노출되어 공사 후의 잔디와 조경수가 말라 죽는 일도 잦았다. 공단을 만들기 위해 절토하거나 매립 · 도로 공사 때 유출된 산성배수가 논으로 유입되어 농작물에 큰 피해를 입힌 예도 있다.

　부산과 김해를 포함한 우리나라 동남부는 지질시대 화산활동

회동수원지 상류에 위치한 폐광산에서 흘러나온 산성의 광산배수가
붉은색의 녹물을 형성하고 있다.

이 활발했던 지역이라 화산 기원의 산성토양이 밀집된 곳이 많다.
특히 김해지역은 도시의 팽창과 도로, 항만, 공항건설, 공단조성 등
대형 토목 공사가 잇따르고 있다. 부산에서 김해를 경유하여 밀양
에 이르는 고속도로 주변에선 흔히 황갈색 토양이 발견된다. 암석
내의 황철석이 산화되어 산성 용액을 발생하고 있는 현장이다. 차
후 사면의 안전문제를 일으킬 가능성이 높아 세심한 관찰이 필요한
장소이다.

　　부산의 회동수원지 상류에 위치한 동래와 임기 납석광산도 경
계대상이다. 그곳에서 노출된 폐석과 암석들이 산화작용으로 산성
배수를 형성, 심각한 하천과 토양 오염원이 되고 있다.

현재의 땅은 오랜 지질시대 동안 자연적으로 균형을 유지해온 결과다. 인위적인 개발은 생물이 살아가는 공간을 파괴하는 요인이 되기도 한다. 동래, 김해, 삼랑진으로 이어지는 황화광물 포함지역, 그곳에서 진행되는 각종 공사가 주변지역 토양을 오염시키는 일은 없어야 할 것이다. 자연을 깨끗하게 보존하려는 노력이 그 전제 조건임은 두말하면 잔소리일 것이다.

IV

지질학자의 사색

미국과 일본 등 일부 선진국들은 이미 해양심층수의
신선함 청정 및 재료로 시장개척을 정하
다. 해양심층수의 산업화는 접근수에
의 청정성 등이 아주 중요한 영향을 미치며 우리나라의 동해
와 동남부는 지리적으로 심층수 개발이 매우 유리한 조건을
갖추고 있다.

 다시 황금문화를 시작하자

　황금은 누런빛의 금을 말하며, 지질학적으로 광화용액(땅 속의 뜨거운 물) 속에 녹아 있던 금성분이 식거나 압력이 낮아지면서 형성된다. 맥으로 산출되는 경우가 많기 때문에 금맥이라는 용어를 사용한다. 연성과 전성이 특히 좋은 물질로서 얇은 판이나 가는 실로 만들 수 있고, 부식되지 않으며 열과 전기전도도가 높아 그 용도가 무궁무진하다. 동양의학에서는 진정제, 해독작용과 노화방지에 사용되어 왔고, 한방에서는 금침을 사용하여 치료하기도 한다.

　또한 금은 반도체 소재와 통신 등 전자산업에 없어서는 안 될 가장 중요한 재료로서 컴퓨터, 가전제품, 우주선에 이르기까지 모든 전자제품의 회로기판, 스위치나 커넥터 제작에 쓰인다. 오늘날 금이 있기에 전자산업이 발달하고 컴퓨터가 대중화된 것이며, 그로 인해 전자산업은 황금산업이라 말할 수 있다.

　신년 초 우리나라 전자제품들이 미국 라스베가스 국제가전전시회(CES)에서 혁신상을 휩쓸었다. 최고 혁신상을 포함하여 2년 연속 최다 혁신상 수상의 영광을 차지했고, 전체 300여 개 혁신상 가운데 10% 정도를 차지하여 세계 1위를 기록한 것이다. 이는 우리나라의 기술력이 세계에서 인정받고 있다는 증거이다.

역사적으로 황금은 찬란한 문화를 낳았고, 또 황금문화가 새로운 역사를 지배하여 왔다. 솔로몬의 영화와 파라오의 부귀, 잉카의 신비 그리고 신라의 찬란한 문명에서 금을 빼고 나면 무엇이 남겠는가? 근세에도 서부의 금광개발 열기로 세계 최강국 미국이 세워졌고, 서양에서 금의 나라(지팡그)로 불리는 일본은 금광개발로 오늘날과 같은 선진국을 이루었다.

『일본서기』에서 황금이 넘치는 나라로 기록될 만큼 신라는 황금의 나라였다. 전 세계를 통틀어 신라만큼 다양하고 많은 황금유적이 발굴되고, 또 황금문화가 융성했던 왕국도 없다고 한다. 신라는 4세기부터 현대과학 기술로도 따를 수 없는 금 가공과 세공기술로 찬란한 황금문화를 이루었으며, 이를 바탕으로 국제사회에 대한 자신감과 역동적인 문화를 형성하여 통일을 이룩한 역사의 주역이 되었다. 당시 금은 모시, 명주, 산삼과 함께 신라의 주요 수출품으로, 이는 신라가 황금산업으로 오늘날의 전자산업과 같은 첨단산업을 이루었다는 해석이 가능하다.

그러면 신라는 언제부터 금을 사용하였을까? 그 엄청난 황금은 어디에서 왔을까? 당시 당나라가 황금문화를 이루지 못하였고, 일본도 근세에 와서 규슈와 홋카이도에서 금을 발견하고 개발하였다. 이런 까닭에 신라의 영토에서 금이 생산되었거나 서역과의 교역에 의한 것으로 짐작할 수 있다. 현대과학에서 지구화학과 우주물질의 기원 연구에 활용되고 있는 이차이온질량분석기는 안정동위원소와 금에 함유된 극미량의 성분을 파괴 없이 분석할 수 있다. 따라서 이러한 첨단장비를 이용하면 신라 황금의 출처를 밝힐 수 있을 것이다.

우리나라가 지난 20년 동안 사용한 금은 1981년 2.3톤에서, 1991년 43.4톤으로 점점 늘어났으며, 2000년대에 들어와서는 300톤에 달한다. 그 중 60% 이상의 금이 현대판 황금산업인 전자산업에 쓰이고 있다. 현재 국내 생산량은 1톤도 안 되지만, 한국은 세계에서 가장 금을 많이 사용하는 나라 중의 하나이다. 그래서 황금산업이 잘 발달된 나라이기도 하다.

최근 강원도에서 새로운 유형의 금광상이 발견되었다. 이는 칼린형 금광이라는 새로운 유형으로, 석회암 내에 박테리아보다 더 작은 크기의 금이 함유되어 있는 것이다. 미국 네바다 주에서 1,000톤 이상이 발견되어 개발되고 있고, 전 세계가 찾고 있는 새로운 유형의 금광이다. 예로부터 금을 이용하는 기술과 산업이 앞선 나라가 세계사의 주역이 되어왔다. 강원도에서의 금광 발견이 우리가 다시 황금의 역사를 부활시킬 청신호가 될지도 모르는 일이다. 황금산업이 우리에게 다시 열리기를 기대해 본다.

02 지질과학의 역할

    지질과학은 우리가 살고 있는 땅의 역사와 진화, 변천을 규명하고 연구하는 학문으로서 고체 지구의 본질을 밝히는 가장 기본적이고 역사가 깊은 자연과학의 한 영역이다. 지질학은 인류 문화의 역사만큼이나 오래되었으며, 우리의 전통사상에서도 땅과 인간의 합일성을 강조하여 인간도 지구환경의 한 부분이라고 생각했던 만큼 그 역사가 매우 깊다.

    자연환경은 땅, 물, 공기로 구성되며, 땅의 환경 변화는 우리 인간의 생활환경을 위협하는 심각한 문제이므로, 단순하게 철새나 동식물의 생태나 성장에 영향을 주는 것으로 생각해서는 안 된다. 왜냐하면, 생물은 유기적으로 모두 서로 밀접한 관련성을 갖고 있기 때문에 눈에 보이지 않는 고리로 연결되어 있고, 인간 역시 지구 안에서 다른 생물과 무관한 생활을 하고 있지 않기 때문이다.

    오늘날 인류가 직면한 가장 중요한 문제는 인구증가, 환경오염, 자원고갈 등으로서, 이들 문제는 서로 밀접한 관계를 가지고 서로 작용하기 때문에 균형과 조화를 모색하는 일이 중요하다. 각종 산업개발 활동은 자원을 필요로 하지만 자연환경의 파괴를 야기하여 화산, 지진, 홍수, 해일 등과 같은 자연재해와 더불어 새로운 재난의 근원이 되고 있다. 무절제한 지하수 개발은 지하수 오염과 지반침하로 인해 재난의 원인이 되고 있다. 또한 산성비로 인한 숲의 고사와 호소의 산성화로 생태계의 파괴 및 토양의 퇴화현상 등 심각한 지질환경의 변화를 초래하고 있다.

　　오늘날의 지질학은 지하수 개발과 보존, 자연재해의 방재기술 개발, 친환경적인 개발 분야 등 새로운 영역의 개혁과 진출에 노력을 기울이고 있다. 그러므로 이 글에서는 지질학적 측면에서 본 환경변화에 대한 영향 및 현실 등을 살펴보고자 한다.

　　지질재해의 대표적인 예로는 베네치아와 멕시코 등에서 발생한 사건을 들 수 있다. 베네치아는 6세기에 진흙땅에 원목의 말뚝을 진흙층 아래에 있는 점토층까지 박아 넣고 그 위에 가옥을 세우고 물을 얻기 위해 호수바닥보다도 더 깊이 우물을 파서 초기 도시를 건설하였다. 그 후 도시가 무역과 조선 중심지로 됨에 따라 목재 대신 석재로 도시 구조물이 바뀌면서 도시가 점차 무거워졌다. 또한 각종 개발의 영향과 대규모 지하수 개발에 따른 지하수 유실에 의해 상부의 지반 침하가 가속되어 엄청난 지질재해가 일어났다. 1966년 베네치아의 비극은 그 당시 60억 달러의 손실과 함께 수많은 인명을 앗아갔다. 1983년 멕시코시티에서 발생한 진도 6의 지진은 도시를 황폐화시켰다. 건조호수를 매립하여 세운 이 도시는 지진의 강도에 비해 훨씬 큰 피해를 자아내었다. 이는 무분별한 도시건설과 지하수 개발로 도시의 침하를 초래하였고 매립에 의한 연약한 지반은 지진의 진동에 대한 내구성이 극소화되었기 때문이다.

유해폐기물 처리지점의 지질학적 안전성 여부가 고려되지 않으면 발생되는 문제점도 심각하다. 유해폐기물이 지하로 침투되어 수백 년 동안 지하수를 오염시키고 지표수로 다시 용출되면 강, 호수 등을 오염시켜 물속의 생물과 인간생활 환경에 영향을 미치게 된다. 또한 토양을 오염시키므로 농작물 재배에 부적당하게 되고 결과적으로 토지 황폐화를 가속화시킨다. 땅과 지표수의 오염은 반드시 지하수를 오염시키고 이러한 지하수의 오염은 장기적이고 광범위하게 위험을 파급시키기 때문에 결국은 인류 생존과 직결되는 것이다.

일본의 경우 현재 사용하고 있는 물의 27%를 지하로부터 공급받고 있다. 지하수 개발은 한 개의 유리컵에 여러 개의 빨대를 넣고 빨아내는 행위이므로 무절제한 개발은 예측불허의 결과를 낳게 된다. 제주도를 비롯한 연안에서의 무계획적인 지하수 개발은 해수의 침입을 유발시켜 지하수원을 크게 위협하고 있는 실정이다.

지질학의 응용 분야는 지질학적 물질(암석, 토양, 하상퇴적물 등) 중에 함유된 화학 원소 등의 함량 및 분포패턴과 그 지배 요인의 규명으로 광상이나 탄화수소의 탐사에 응용하는 지구화학탐사 분야, 그리고 지질학적 및 지구화학적 물질(특히 토양이나 자연수, 식물) 중의 원소 분포가 동·식물의 성장이나 건강, 인간의 질병 및 환경오염에 미치는 영향 및 상호관계를 연구하는 환경지구화학 분야로 대별된다.

지질학의 연구 주제는 1) 석유, 천연가스, 지열에너지, 오일쉐일(oil shale), 타르샌드(tar sand), 석탄 및 우라늄과 같은 에너지원의 지구화학탐사 2) 금속 및 비금속 광물 등의 광물자원탐사 3) 에너지 및 광물자원의 품위 향상에 지구화학 지식의 직접적인 이용 4) 오염으로부터의 환경보호를 위한 지구화학 지식의 직접적인 이용 5) 의학에 필요한 지구화학 또는 질병과 미량원소(특히 토양이나 자연수 중의 미량원소)와의 관계 6) 농학에 지구화학의 응용(특히 토양이나 자연수 중의 미량원소 함량이 농작물 성장에 미치는 영향) 등으로 구분된다.

또한 광물자원은 국가경제와 기간산업활동에 중요한 영향을 미치는 요소로서 안정적 확보를 위해서는 새로운 광상생성모델의 이해와 이를 적용한 탐사활동이 매우 중요하다. 최근 고황화작용(High Sulfidation)형 금 동광상과 칼린형(Carlin-type) 및 스카른 금광상의 부존모델 및 성인이 알려지면서 새로운 탐사 대상이 되고 있으며, 미국, 캐나다, 인도네시아, 중국, 베트남 등 환태평양 지역에서 이들 유형의 금광상이 다수 발견되어 개발이 진행되고 있다. 이러한 배경에서, 이들 지역과 유사한 지질조건을 갖는 국내 지역에서 동일한 광상모델을 이용한 탐사가 매우 필요하다고 볼 수 있다.

현재 미국의 금생산량은 전 세계의 13%를 차지하여, 이중 70%(약 250톤) 이상을 칼린형과 스카른 금광상에서 생산하고 있다. 석회암 내에 형성된 칼린형과 스카른 금광상은 경제적 가치와 학문적인 중요성 때문에, 지난 수십 년 동안 미국을 비롯한 자원선 진국들이 막대한 자금을 투자하여 탐사와 개발을 진행하고 있다. 미국은 금생산량의 20%(64톤)를 수출함으로서 국제 무역수지에 중요한 수단으로 삼고 있다.

 먹는 물, 지하수로 해결하자

최근 급격한 인구증가와 산업화로 인해 전 세계적으로 물 부족사태가 심각하게 대두되고 있다. 우리나라도 2006년에 1억 톤을 시작으로 2011년에는 18억 톤, 2020년에는 26억 톤의 물 부족이 예상된다고 한다. 우리는 부족한 물을 댐 건설, 용수 재활용, 지하수 개발, 지표수와 지하수 연계 활용기술로 보충할 계획을 세우고 있다.

정부는 그동안 한강, 금강, 영산강, 낙동강 등 4대강에 대한 물 관리 특별법을 제정, 상류지역을 상수원 보호구역, 특별대책지역 및 수변구역으로 지정하였다. 그 결과 한강, 금강 및 영산강 하류에 있는 주민들은 '4대강 물 관리 특별법'에 의해 상류의 깨끗한 물을 먹는 혜택을 받게 되었다. 그러나 부산은 상류 댐의 물을 이용하지 못하고 여전히 낙동강 하류의 강물을 취수하여 상수원으로 이용하고 있다. 게다가 최근 하수와 폐수의 발생량이 1995년에 비해 15% 증가하였기 때문에 낙동강은 그만큼 더 큰 오염 가능성을 가지게 되었다.

부산의 수돗물은 수질검사항목인 물리적, 화학적, 생물학적 및 세균학적 검사에 아무런 문제가 없다고 한다. 그러나 현재 수돗물을 처리 없이 그냥 마시는 비율은 3%에 불과하고, 많은 시민들이 정수하거나 끓여서 먹고 있다. 이는 수돗물 자체보다도 낙동강 물을 원수로 이용하는 데 대한 심리적 불신의 요인이 작용하고 있다고 볼 수 있다.

우리는 청정지역의 지하에서 채취되고 엄격한 수질검사를 거쳐 판매되는 먹는 샘물에도 만족치 못해 육각수, 자화수, 이온수, 전해 환원수, 심해수를 찾는 것이 요즘의 추세이고 보면, 상류지역의 도시하수가 섞여 있는 낙동강 물을 원수로 하는 부산의 수돗물을 선뜻 마시기가 정서적으로 쉽지 않다. 한때 일본에서 수입하는 우리나라 생수 기준이 중수소가 함유되어 있지 않은 것임을 알고 적잖이 놀란 적이 있었다. 중수소는 핵실험에 의해 인위적으로 형성된 성분으로서, 1945년 처음 핵실험이 시작된 점을 고려할 때 적어도 최근 60년 동안 빗물이나 오염물질이 섞이지 않은 깨끗한 지하수이기 때문이다.

최근 좋은 물에 대한 욕구와 함께 음용수로서 지하수에 대한 의존성이 점점 높아지고 있다. 지하수는 깨끗하여 상수원으로 직접 이용하거나 단순한 처리에 의해서 음용수로 이용이 가능한 장점을 지니고 있다. 독일, 프랑스, 네덜란드 등은 19세기부터 라인강변의 충적층에서 강변여과 방식을 이용한 지하수를 입상 활성탄으로 처리하여 이용하고 있다. 국내에서도 부산과 유사한 상수원 문제를 안고 있는 창원시, 함안군, 김해시 등이 현재 강변여과수를 이용한 상수원 개발이 진행 중이다.

한편 연안에는 해저에서 용출되는 지하수 즉, 해저용출수(SGD, Submarine Groundwater Discharge)가 부존되어 있다. 해저용출수는 수량이 풍부하고 깨끗하여 해양심층수에 대체될 수 있는 고급 수자원이다. 과거에는 해저에서 용출되는 지하수자원에 대해서는 잘 알려지지 않았으나, 최근에 담수 지하수의 해저유출량이 강물의 약 5~6%에 이르고, 재순환된 염수까지 합하면 해저 지하수 유출량은 강물에 의한 유출량의 약 48%에 달한다고 연구되어 있다. 해저용출수의 탐사는 라돈 동위원소와 메탄을 활용하고 있다.

부산은 낙동강 주변에 넓은 퇴적층이 형성되어 있고, 금정산과 장산을 비롯한 많은 산으로 이루어져 있어 강변의 여과 지하수와 산지의 깨끗한 지하수를 개발하기에 매우 유리한 지질학적 환경을 갖추고 있다. 그리고 해저용출수를 포함한 지하수 개발에도 좋은 여건을 지니고 있다. 따라서 지하수 개발은 갈수기에 낙동강 수질이 극히 악화될 경우를 대비한 비상수원이나 보조수원 개발의 개념에서 출발, 차후 항구적으로 양질의 물을 공급할 수 있는 방안으로 진행되어야 할 것이다. 우선 산지가 많고 해저용출수 개발이 유리하고 관광특구로서 더욱 좋은 물이 요구되는 해운대와 인근의 철마신도시, 기장군에서 시범적으로 시작하여 점차 부산의 전 지역으로 확대할 수 있을 것이다.

이제 부산도 좋은 물을 먹어야 한다. 광역상수도 사업에 의한 상류수원의 확보가 어렵다면, 산과 바다 밑에 있는 지하의 강을 찾아서 먹는 물만큼은 깨끗한 지하수로 해결하자.

바다 속의 물
- 해저용출수와 해양심층수

해양심층수란 태양광이 도달하지 않는 수심 200m 이상의 깊은 곳에 존재하여 유기물이나 병원균 등이 거의 없을 뿐 아니라, 연중 안정된 저온을 유지하고 있으며, 해양식물의 성장에 필수적인 영양염류가 풍부하고 장기간 숙성된 해수자원을 가리킨다. 해양심층수는 저온 에너지와 각종 유용물질을 일정수준 이상 함유하고 있는데다가, 유해한 성분이 거의 없어 안전한 원료로 인식되고 있다.

해양심층수는 해수 중층부의 단순한 바닷물로 생각할 수 있으나 오늘날 해양심층수가 관심의 대상이 된 것은 다소 상업적 요인이 가미된 것이다. 해양심층수를 마법의 물, 은혜의 물로 받아들이고 있는 이유는 물 자체보다 에너지와 유용물질의 자원성 때문이다.

해양심층수의 부존 위치는 일반적으로 수심에 좌우되는 것으로, 효용성 있는 심층수가 존재하는 수심이 일반적으로 최소한 200m 이상임을 감안할 때, 우리나라는 동해에 국한되고 있다. 동해는 지형적으로 수심이 깊어 비교적 근해에서 심층수를 개발할 수 있는 유리한 조건을 가지고 있으며, 해안으로부터 심층수의 직접 취수가 가능하다.

21세기 인류가 식수, 식량, 에너지 부족과 환경오염이라는 위기에 직면해 있는 지금 해양심층수는 깨끗하고 재생 가능한 자원으로서 이러한 위기를 극복할 수 있는 하나의 대안으로 부각되고 있다. 해양의 방대한 양의 생물 및 광물자원, 고갈되지 않는 청정해수가 부존돼 있는 미개척지로서 21세기 국가발전의 새로운 원천으로 해양이 부각되면서 해양심층수 개발 역시 주목받고 있다.

미국과 일본 등 일부 선진국들은 이미 해양심층수를 이용한 신산업 창출 및 새로운 시장개척을 정책적으로 추진해오고 있다. 해양심층수의 산업화는 심층수로의 접근성 및 주변 환경의 청정성 등이 아주 중요한 영향을 미치는데, 우리나라 동해와 동남부는 지리적으로 심층수 개발에 매우 유리한 조건을 갖추고 있다.

지금까지 해저에서 용출되는 지하수(해저용출수)자원에 대해서는 잘 알려져 있지 않았으나 최근의 연구 결과, 담수 지하수의 해저유출량이 강물의 5~6%에 이르고, 재순환된 염수까지 합하면 그 양이 강물의 약 절반에 이르는 것으로 알려지고 있다. 이것은 지표수의 5%에 해당되는 해저용출수가 바다 밑에서 흘러나오고 있다는 것을 의미한다.

해저용출수는 땅 속 깊이 스며든 물이 지하수맥을 따라 이동, 해안에서 멀리 떨어진 바다 밑 깊은 곳으로 흘러나온다. 마치 땅 속에서 석유가 이동하는 것과 같은 이치로 바다 가운데 가장 압력이 낮은 곳에서 강이 되어 흘러나온다.

해저용출수는 태고 때부터 지하로 유입되어 오랜 시간 땅 속 깊은 곳을 흘러 마침내 해저에서 솟구쳐 나온 물로서, 뛰어난 수질을 지닌 천연 암반수이다. 이제부터 바다 밑을 흐르는 지하의 강을 찾고 개발하여 해양심층수와 더불어 해저용출수를 새로운 수자원으로 개발하여 블루오션을 이루는 기회로 삼아야 할 것이다.

 과거와 미래의 땅 남극

　남극으로 가는 길은 험난하다. 칠레의 최남단 도시 푼타아레나스에서 '마젤란 해협'과 비글호에 의해 최초로 알려진 좁은 '비글해협'을 지나 북해와 더불어 세계의 해역에서 가장 파도가 심하다는 '드래이크 패세지'를 통과해야 한다. 남극은 수억 년 전에는 남미, 남아프리카, 인도 및 대양주와 결합되어 있었으나 대륙이동으로 떨어져 나온 인류 최후의 지구촌이다.

　세종기지는 남극반도 북단에 있는 킹조지 섬에 위치하고 있다. 이곳은 남극대륙 진출의 관문으로서 러시아, 중국, 칠레, 아르헨티나, 우루과이, 폴란드, 브라질, 독일 등 9개국의 상주기지가 설치되어 있다. 세종기지는 1987년 12월 착공하였으며 총면적 420평의 8개 독립 건물로 구성되어 있고 30명 정도의 연구 및 지원인력의 상주가 가능하다.

　남극은 총 면적 1,359만㎢로 전체 지구육지 면적의 9%를 차지하며 두께 약 2㎞의 만년빙에 의해 덮여 있다. 지상의 담수는 99%가 얼음의 형태로 되어 있으며 그 얼음의 90%가 남극에 있다하니 그

양을 가히 짐작할 만하다.

최대 빙하인 램버트빙하(너비 50㎞, 연장 1,300㎞)를 비롯한 260여 개의 크고 작은 빙하와 얼음으로 덮인 대륙붕, 그리고 빙산이 떠다니는 남극은 매년 9~11월이면 바닷물이 1~2m 두께로 얼기도 한다. 이 광활한 얼음 대륙은 세계 기후에 영향을 줄 뿐만 아니라 북반구 심해저층수의 기원이 된다. 수천만 년 전 녹음이 우거진 녹색 대지였던 이곳은 신생대 마이오세(약 2,400만 년 전~510만 년 전) 때부터 급격히 냉각되기 시작해서 지금은 북극보다 더 추운 얼음 대지로 변하였다.

현재까지 측정된 남극의 최저 기온은 영하 89도이지만 세종기지가 위치한 해안은 여름철에는 0도 정도로 크게 누그러진다. 남극의 여름은 백야와 함께 시작되어 바닷물의 온도가 영하 1도까지 상승한다. 따뜻해진 바닷물에 의해 바다로 흘러내린 빙하의 끝부분이 천둥소리를 내며 무너져 내리기도 한다. 또 고층빌딩보다 더 큰 빙산은 남극의 세찬 바람을 타고 남위 40도 근처의 대서양까지 떠다니며 항해하는 선박에게 위협의 대상이 되기도 한다. 바람을 타고 갑자기 밀려온 작은 유빙은 지질조사를 위해 고무보트를 이용할 때 큰 장애물이다.

20시간 이상 계속되는 여름의 낮 시간 동안 강한 햇살이 내리쬐고 기온이 올라간다. 해변 낮은 지역의 눈이 녹아내리면 골짜기를 따라 시냇물이 흐르고 눈 속에서는 백 년도 더 자란 선태식물이 모습을 드러낸다. 바다에서는 각종 해조류들이 하루가 다르게 성장하여 새로운 모습을 보인다.

과학자들은 각종 연구를 통해 남극해 일대에 두꺼운 퇴적층이 발달해 있고, 여기에 석유가 존재할 가능성이 거의 확실한 것으로 보고 있다. 또 남극에는 금·은·동·철 등의 막대한 광물자원과 가스 수화물이 매장되어 있다. 지금까지는 단편적 조사가 이루어진 상태이지만 육상자원이 고갈되고 있으며 가혹한 자연조건을 극복하는 새로운 기법이 발전됨에 따라 개발 경쟁이 치열해지고 있다.

또 남극의 바다에는 해양생태계에서 가장 중요한 위치를 차지하는 동물성 플랑크톤인 크릴이 10여 종 서식하고 있으며 그 양은 10억 개에 달한다고 알려져 있다. 대륙 주변과 대서양쪽에 밀집 분포되어 있는 크릴은 현재 여러 나라에서 조업 중에 있으며 가축사료와 양어용 먹이 등에 이용하고 있다.

어류 또한 중요한 수자원으로서 120여 종이 분포하고 있다. 그중 남빙양 대구와 피 속에 헤모글로빈이 거의 없는 빙어는 러시아, 동독, 폴란드, 불가리아 등이 어획하고 있다.

06 MT로 다시 시작하자

MT(Marine Technology, 해양과학기술)는 '바다에서 인간이 자유롭게 활동하고, 해양자원을 효율적으로 활용하기 위한 과학기술'로서, 해양산업의 경쟁력 확보, 해양국토의 관리, 자원고갈과 지구환경변화 문제의 해결을 위한 기술 등으로 정의되고 있다. 또한 MT는 항만물류, 조선, 해양 환경, 생물 종 다양성 보전, 해양 신물질 개발, 해양자원 탐사 및 개발 등이 통합된 미래지향적 기술이다.

삼면이 바다로 둘러싸인 우리나라는 해양국가로서의 유리한 입지적 조건을 갖추고 있으나, 대륙 지향적인 민족의 정서와 세계관이 해양강국으로 발전하는데 걸림돌이 되어왔다. 그러나 신라시대 장보고에 의해 시작된 해양강국의 역사는 우리나라가 세계 1위의 조선 대국으로 발전하는 밑바탕이 되었다. 오늘날 해양산업의 중요성이 '동북아 물류중심 국가 건설'이란 화두로 다시 강조되고 있다.

기존의 핵심기술들이 특정 분야에서의 기술적 한계를 극복하고 이를 응용하기 위한 단일 요소기술인 반면, MT는 소위 6T에 속하는 BT(생명공학기술), IT(정보기술), NT(나노기술), ET(환경기술), ST(우주항공기술), CT(문화기술) 등과 같은 핵심 단위기술들이 융합된 복합기술 분야라 할 수 있다. 더욱이 MT는 항만물류 분야를 비롯하여 조선공학, 기계공학, 전자공학, 화학공학, 생명공학, 토목공학, 해양학, 해양공학, 지질학 등 다양한 분야가 복합된 다학제(multidisciplinary) 분야이기도 하다.

미래학자 폴 케네디 교수는 그의 저서 『21세기의 준비』에서, 21세기를 3M의 시대로 전망하고, 다국적 자본(Multi-capital), 대중매체(Mass media)와 함께 해양(Marines)의 중요성을 강조하였다. 선진국에서는 일찍이 해양의 중요성과 잠재력을 인식하고, 해양화 전략을 정부차원에서 일원화하여 국가적인 핵심기술로 육성하고 있다. 그 결과는 오늘날 해양강국이 모두 선진국이 된 이유이다. 해양강국이 아닌 선진국이 어디 있던가.

우리나라는 2005년 처음으로 해양수산부가 MT를 미래를 위한 전략적인 핵심기술로 도입하였다. 현재 국가과학기술위원회의 심의를 통과하였고 계획된 예산이 3조 1천억에 달한다. 또 석사학위 이상의 인력양성 목표만도 2만 5천 명에 달한다. 이러한 계획은 MT가 해양, 조선, 해운, 수산 분야의 현안문제 해결뿐만 아니라, 미래를 준비하는 기술산업으로서 가치를 새롭게 인식시킨 결과이다. 동시에 MT산업을 선진국 진입을 위한 국가적인 핵심기술로 인정하고, 국민소득 2만 불 시대를 조기에 실현하기 위한 필수 요소로 받아들인 것이다.

부산은 21세기 세계경제를 주도할 동북아의 중심에 위치한 도시로서, 다른 도시가 흉내내기 어려운 해양에 관한한 특별시이다. 부산광역시가 설정한 10대 전략산업 중에 항만물류, 선박 기계, 마린 바이오 및 첨단 수산가공산업 등이 포함된 사실은 부산 발전에 미치는 MT산업의 중요성을 잘 대변해 주고 있는 셈이다. 또한 부산은 MT의 교육과 산업 인프라의 집중성 등 해양과학기술(MT)의 허브도시로서 필요한 거의 모든 강점을 잘 갖추고 있다. 그야말로 MT산업 거점도시로서 적격지인 셈이다.

MT산업의 개발은 미래 유망산업의 창출을 비롯하여 동북아 물류중심 국가 건설을 위한 기반 구축, 국가 성장 원동력인 자원과 에너지 확보, 쾌적한 해양환경 조성을 이루는 지름길이다. 그러므로 부산은 지금부터 MT를 기반으로 첨단 핵심기술의 육성과 전문인력을 양성하는 새로운 선진 해양도시로 거듭나야 할 것이다. 현재로서도 국가 GDP의 10%에 달하는 해양 관련 산업을 더욱 육성하고, 미래 산업으로서의 중요성이 높은 MT개발을 더 이상 미루지 않아야 할 것이다.

21세기는 과학문화가 국가 경쟁력이 된다고 한다. 해양도시 부산이 갖는 미래의 과학기술 경쟁력은 MT가 아닐까. 이젠 MT가 부산의 경쟁력이자, 살길이 될 것이다. MT산업으로 부산을 바꾸자.

07 텔레메트릭스가 바꾸는 세상

　　텔레메트릭스(Telemetrics)란 센서를 이용한 계측과 통신망을 통한 자료 전송을 접목한 원격자동계측(Telemetry)기술과 첨단의 전자기술(Electronics)을 융합한 개념의 기술이다. 반도체, 무선통신 및 첨단 전자기술 분야가 융합된 기술로, 무선통신 네트워크를 활용하여 재난사고를 방지하는 중요성이 높아지고 있다.

　　텔레메트릭스 산업은 군사적인 목적으로 처음 연구되었으나, 최근에는 상업용 연구 개발이 더욱 활발히 진행되는 추세이다. 시설물의 안전 관리를 위한 시스템을 비롯하여 로봇, 차량, 무기 등의 원격 제어 등에 매우 광범위하게 이루어지고 있다.

　　한국의 텔레메트릭스 관련 기술은 극히 초보적인 수준으로 이동통신 분야와 자동차 분야에서 SoC 개발이 진행되고 있다. 현재 반도체 산업의 지속적인 성장과 미래 성장 동력을 견인하기 위한 차세대 반도체기술로 텔레메트릭스 분야에 대한 관심이 높아지고 있다. 그러나 텔레메트릭스 시스템의 완전 국산화가 어려워 다양한 핵심 요소 기술들을 유기적으로 연계한 SoP 개념의 개발이 요구되고 있는 상황이다.

텔레메트릭스 산업 시장은 국내 시장뿐만 아니라 해외 시장에서도 그 전망이 매우 높다. 현재 정보통신 산업의 기술수출 실적을 미루어 볼 때 우리나라가 텔레메트릭스 기술의 선두주자가 되는 경우 해외로부터 연간 천만 불 이상의 수익을 얻을 수 있을 것으로 예측되고 있다.

또한, 텔레메트릭스 기술이 현재 최고 수준에 있는 IT기술과 성공적으로 융합하여 새로운 산업을 창출한다면, 고용창출효과가 매우 높을 것으로 기대되고 있다. 특히 고급인력의 일자리를 창출할 수 있다는 점에서 텔레메트릭스 산업의 발전에 따른 고용효과가 기대되고 있다.

따라서 해양 영토관리를 위한 텔레메트릭스 기술개발과 적용은 그 활용성이 높아 새로운 성장산업으로 발전될 것으로 전망되고 있다. 센서와 통신장비를 활용해 원거리 진단과 통제가 가능한 텔레메트릭스 기술은 해양과 연안에서의 재난 대비를 비롯하여, 해양자원, 환경 및 해양에서의 활동과 시설 관리 등에 응용될 수 있는 산업 분야이다. 또 텔레메트릭스와 유비쿼터스 기술을 접목한 해양 텔레메트릭스는 해상 재해예방을 비롯해 항만이나 바다목장, 양식장 등 해양시설물 등 해양영토 관리에 가장 중요한 요소이다.

최근 해양 및 연안에 대한 각종 정보와 환경에 대한 관심의 증대로 각종 정보에 대한 통합 관리체계의 필요성이 대두되었다. 해양안전, 해양자원과 환경 등에 최첨단 IT기술을 이용한 텔레메트릭스를 육상 도시 관리와 같은 맥락으로 해양영토를 관리하는 정책으로 도입할 때, 이는 21세기 신성장산업의 형성을 가능케 할 것이다.

한 국가 발전의 근간이 되는 새로운 영역의 산업은 간단하고 쉽게 도출되기 어렵다. 더욱이 무한경쟁시대에 돌입한 21세기는 남들이 미처 생각하지 못하고, 쉽게 접근하기 어려운 분야에서 누구보다도 먼저 사업을 구상하고 적용하는 개척자적인 정신이 절실히 요구되고 있다.

텔레메트릭스가 각종 센서와 통신을 연계하여 사람이 직접 가지 않고도 원거리에서 재난방지를 미리 진단 분석하고 제어 관리하는 미래의 기술인 만큼, 제조업과 서비스업이 융합된 새로운 차세대 신성장 동력산업으로 우리에게 곧 다가올 것이다. 또한 고용창출의 확대뿐만 아니라 국가 차세대 신성장 산업을 태동시키는 종합 프로젝트로서 그 역할을 담당하게 될 것으로 기대된다.

정부와 기업의 공동투자로 시작한 텔레메트릭스 R&D사업의 결실을 바탕으로 산업화를 앞당기기 위해 산·학·관이 협력하여 해양과학기술산업 벨트를 구성함으로써 차세대 신성장 산업의 태동을 기대한다. 그리하여 미국의 실리콘 밸리와도 같이 우리나라 최고의 첨단 텔레메트릭스 산업 단지를 조성하여 반도체와 IT산업을 이어갈 전략산업을 육성해야 할 것이다.

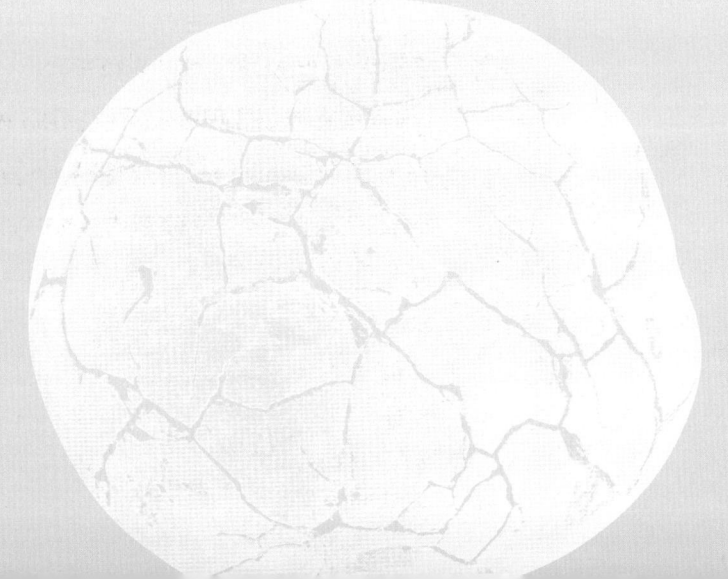

V 남극 체험기

남극의 여름은 인간이 활동할 수 있을 뿐 아니라 얕은 바다 속의 해초류가 하루가 다르게 자라고 눈 녹은 물이 폭포를 이루어 떨어지는 장면들을 연출해내기 때문에 평화로운 분위기를 가진다. 그러나 그 평화로움도 잠시뿐. 남극에 뜬 백야의 달이 한가롭고 멀리서 빙하가 무너지는 메아리가 울려 퍼지면서 추운 남극의 겨울은 다가온다.

짙은 안개 속 본연의 모습
드러낸 킹조지 섬

13명의 남극 하계대연구단이 한국을 떠난 것은 1990년 12월 중순이었다. 알래스카와 뉴욕 마이애미를 경유해 칠레의 수도인 산티아고에 도착했을 때는 계절이 한여름으로 바뀌어 있었고 때마침 대통령 선거열풍으로 인해 시내는 더욱 뜨거워져 있었다. 두리번거리며 풍물을 구경하느라 한눈을 파는 사이 날아든 최루탄은 내가 남극을 향해 가는 중이라는 것을 다시 일깨워 주었다. 선거유세로 열광하는 군중들 사이에 있었던 것이다. 우리 일행은 비행기를 타고 칠레의 최남단 도시인 푼타아레나스로 향했다. 하늘에서 본 안데스의 고산들은 정상부위에 덮인 만년설과 구름으로 웅장한 모습을 보여주었다. 안데스의 곳곳에 개발되고 있는 노천 구리광산의 규모는 이 나라가 세계 최대의 구리 생산국이라는 것을 실감나게 했다.

푼타아레나스는 마젤란 해협의 중심부에 있는 도시로 파나마 운하가 만들어지기 전까지만 해도 선박들이 끊임없이 왕래하던 항구다. 한때 남미 최고의 번영과 경기를 구가했던 흔적은 곳곳에 있는 오래된 건물과 성당에서 발견할 수 있었다. 지금은 쇠퇴했지만 여름이면 남극을 향해 떠나는 선박들과 방문객으로 북적거려 옛날의 영화를 다시 재현하는 듯했다. 세계의 많은 과학자들이 활동하기가 쉬운 여름 동안 남극탐사를 하려고 보급기지인 이곳을 찾아들기 때문이다.

제3차 하계대연구진의 일원으로서 나의 연구목적은 남극반도와 그 주변도서에 광범위하게 분포하는 화산암들이 화산작용에 의해 데워진 지표수와 반응하면서 만들어낸 금속 비금속 광물들의 생성기원을 밝히는 것이었다. 이것은 남극반도 일대의 광물자원 잠재력과 분포특성을 밝히는 기초자료가 된다. 우리나라의 남극연구는 과학기술처 산하 연구기관인 한국과학 기술연구원 해양연구소가 주축이 되어 수행하고 있다. 제3차 하계 탐사대 역시 나와 조류학자 한 명을 제외한 나머지 11명은 해양연구소 소속 연구원으로 구성되었다. 연구내용은 주로 해양에 대한 탐사와 조사작업이었다.

이곳 푼타아레나스에서 세종기지까지의 거리는 약 1천2백km. 마젤란대학 파타고니아연구소에서 필요한 자료들을 수집하고 연구장비를 점검하기 위해 사흘 동안 체류한 뒤 저녁 무렵에 에스텔라호에 승선했다. 영국선적의 에스텔라호는 해양연구소가 우리나라 연구원들의 활동을 지원하기 위해 한 달간 임대한 내빙선이다. 9백80t 규모로 약 20여 명이 승선해 여러 가지 연구 조사활동을 벌인다. 물론 연구 장비나 계측기기들을 모두 싣고 있다.

12월 20일 저녁 석유개발점이 간간이 설치되어 있는 푼타아레나스 항을 떠나 드레이크 해협을 빠져나왔다. 세계에서 가장 파도가 심하다는 이곳은 마젤란 해협과 비글 해협 다음에 위치하고 있다. 해협을 거의 통과할 쯤에야 대원들은 1년에 한두 번밖에 맞을 수 없는 행운이 우리에게 찾아왔다는 것을 알 수 있었다. 잔뜩 긴장한데 반해 바다는 너무 잔잔했으니까. 귀국할 때는 이런 행운을 다시 얻지 못했다.

검은 안개 속에 남극 땅이 보였다. 지구의 5번째 대륙, 총면적 1천3백60만km²로 지구 전체면적의 9%를 차지하고 있는 땅, 고도 2천m 이상의 얼음이 사철 내내 덮고 있는 얼음나라. 남극은 2억 3천만 년 전 곤드와나 대륙의 일부로 남미, 아프리카, 대양주 및 인도대륙과 결합되어 있다가 대륙의 이동으로 현재 위치로 옮겨온 최후의 미답지역이다. 대륙이동 전에는 세계 유수의 지하자원 산지와 붙어 있던 곳으로 70년대 미국, 서독 등 여러 국가에서 본격적인 지구물리학적 조사를 실시한 것이 진출의 시초라 할 수 있다. 그 뒤 70년대 후반과 80년대 초반에는 남극에 지하자원이 풍부하다는 사실이 굳어졌고 그에 따라 국제적 관심도 고조되었다.

우리나라는 지난 85년 남극해양생물자원보존협약에 가입한 이래, 89년에는 세계에서 23번째로 남극조약협의당사국 지위를 획득하였고 88년부터는 남극반도의 북단 킹조지 섬에 세종기지를 설치, 운영하고 있다. 남극 땅이 서서히 자취를 드러내기 시작했다. 그러나 이곳은 남극 땅일지언정 진정한 의미의 남극대륙은 아니다. 무한한 잠재력을 지닌 남극대륙을 향한 작은 징검다리일 뿐이다.

눈과 얼음으로 덮여 쉽게 자기의 비밀을 밝히지 않는 이 땅에서 나는 어떤 지질학적 의미를 찾아낼 수 있을 것인가? 배가 킹조지 섬 바턴 반도에 접근함에 따라 우리나라 과학기지인 세종기지의 윤

곽이 서서히 드러났다. 해안가에는 혹독한 겨울을 보낸 2차 동계대원들이 사람보다 더 많은 펭귄들과 함께 손을 흔들며 환영하고 있었다. 인간과 함께 마중 나온 펭귄무리들은 그들의 터전을 찾아온 우리들을 어떤 심정으로 맞을까 상상해보면서 남극 땅을 밟았다.

02 밥상의 최고 요리는 '통조림김치'

　세종기지에 도착했을 때 우리를 반갑게 맞았던 2차 동계대원 들의 표정은 오지에서 겨울을 보낸 사람답지 않게 밝고 건강했다. 작고 사사로운 일거리도 서로 돕고 분담해 외로움과 고난을 극복해 가는 것 같았다. 그러나 주말을 기다리고 계획하는 그들의 모습에 서는 인간욕구의 공허함도 느낄 수 있었다. 기지생활에 적응하는 데 6개월 정도의 고독한 싸움이 필요했다는 한 대원의 말에서 대원 들이 생활에 깔아둔 인내의 단편들이 묻어나왔다. 어느 외국기지에 서는 심리학자가 남극체류자의 심리변화를 연구하고 있다던가. 오 랫동안 밤이 계속되는 남극의 겨울, 대원들은 화초나 채소가꾸기 등으로 단조로운 생활을 지탱해나가고 있었다.

　여기 세종기지가 위치한 곳은 남극반도 북단의 킹조지 섬이다. 이곳은 남극대륙의 관문일 뿐 아니라 기후도 좋아 소련과 중국, 아 르헨티나, 폴란드 등 9개국의 상주기지가 모여 있다. 우리 기지는 본관동을 비롯해 거주동, 연구동, 장비동 등 8개 건물로 이루어져 있는데 면적은 약 4백20평 정도로 30여 명이 상주할 수 있다.

백야의 세종기지 주변(위)과 세종기지 입구(아래)

87년 말 이 건물들을 지을 때 너무 신속하고 튼튼하게 일을 해서 다른 기지 관계자들이 찬사를 아끼지 않았다 한다. 2백여 명의 기술 인력이 2개월 만에 공사를 완료한 것은 물론 고상식 건축이란 특수공법을 써서 동계의 폭설과 하계의 해빙수에 견딜 수 있게 한 것이 늘 화젯거리였다. 필자가 암석시료 채취를 위해 일시 체류했던 아르헨티나기지에서는 본관건물 확장공사가 한창이었는데 2개월이 다 지나도록 기본골격도 못 갖추고 있었다. 농담 삼아 몇 년 계획이냐고 물으니 의사인 기지대장 빼빼(PePe)는 되받아서 하이테크가 필요하기 때문이라며 너희 나라는 일주일이면 가능할 것이라고 덧붙였다.

현재 세종기지에는 의사와 연구요원, 지원요원 등 14명으로 구성된 제3차 동계대원이 머물고 있다. 1, 2차 연구단은 남극의 지형, 지질, 식물상, 기후, 해양환경 등에 대한 연구를 수행하였고 지금은 생태계, 지하자원분포, 지자기 현상에 대한 연구가 진행 중에 있다. 여기서 축적된 경험과 연구결과를 바탕으로 남극대륙 진출을 위한 보다 적극적인 계획이 수립될 것이다. 남극연구의 기본목표가 남극에 대한 자연환경 연구 및 환경보고 부존 자원조사와 기초, 응용과학 기술 발전에 있는 만큼 남극대륙으로의 진출은 필수적이고 그 교두보로서 세종기지의 중요성은 아무리 강조해도 지나치지 않다.

남극기지에서의 하루는 오전 7시 30분부터 시작한다. 낮과 밤의 구별이 없는 관계도 있지만 아침에는 기온이 너무 떨어져 행동하기가 힘들기 때문이다. 대신 취침은 자정, 즉 밤 12시다. 일과를 마친 하오 7시부터 취침시간까지 5시간은 자유시간인데 이때 기지는 활력이 넘친다. 각각 한 대뿐인 당구대와 탁구대에 몰려 서 있기도 하고 고국에서 가져온 비디오테이프를 돌려보기도 한다. 처음 기지가 설립될 때에는 비디오테이프가 많지 않았는데 연구진이 교대되면서 조금씩 쌓이기 시작했다. 이것도 저것도 귀찮은 대원은 도서관에 파묻혀 있는데 장서는 만화를 비롯해 약 1천 권 정도.

우리 기지에서만 수신되는 칠레 TV방송도 인기다. 저녁 6시 45분부터 1분간 방영되는 에어로빅 체조시간에는 클라우디아라는 모델 출신 무용수가 나와 체조시범을 했다. 이 시간만 되면 대원들이 모두 TV 앞에 서 있었음은 물론이다. 낮 동안에 할 수 있는 경기로 생활에 가장 큰 활력소를 불어넣은 것은 2차 동계대원들에 의해 창시된 설인5종경기였다. 스키, 마라톤, 눈언덕 미끌어져 내려오기 등 5가지 경기를 며칠 동안 실시해 종합점수로 순위를 결정했는데 대원들의 악착 같은 승부욕과 투지는 가히 감동적이었다 할 수 있다.

독특한 음식문화를 가진 한국인에게 김치는 식품 이상의 의미를 지니고 있다. 비록 통조림이지만 김치가 오른 식탁은 더 풍성해 보였다. 야채는 저장이 어려워 구하기 힘들었는데 음식을 담당하는 요원은 조그만 통에 콩나물을 길러 상 위에 올려놓곤 했다. 특별한 날에만 먹을 수 있었지만 단맛이 나는 칠레 수박은 과일 중에서 가장 인기가 있었다. 편지와 전화는 기지생활에서 빼놓을 수 없는 요소이다. 고국과의 전화는 위성통신을 통해 이루어지는데 한 달에 공식적으로 허용된 3분 이상의 통화에 대해서는 비싼 요금을 내야 하기 때문에 편지가 더 많이 이용되었다.

칠레는 남극의 일부 지역에 대해 영유권을 주장하면서 그 상징적인 징표로 비행장과 간이우체국, 은행 등을 설치해놓고 있다. 이 중 우체국은 우리에게 상당히 편리한 것이어서 기상조건에 따라 배 달기간이 다르지만 내가 가족에게 부친 편지는 정확히 한 달 만에 한국에 도착했었다. 손님맞이도 외로움을 달래주는 큰 행사다. 여 유기간 동안에 특히 방문객이 많은데 외국 기지의 대원들이 대부분 이때 교체되기 때문이다. 이들과의 만남을 통해 국경과 이념을 벗 어나 인류애를 나눈다. 하지만 그것도 기상상태가 좋은 날 가능하 고 대부분의 날에는 멀리서 얼음 속의 기포가 빠져나오며 내는 '삐 삐' 라는 소리를 들으며 하루를 보낸다.

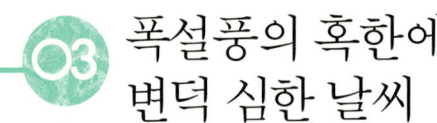

03 폭설풍의 혹한에 변덕 심한 날씨

남극은 수백만 년에 이르는 지구환경의 신비를 두께 약 2km의 만년빙으로 덮고 있다. 이 광활한 얼음 대륙은 세계 기후에 영향을 줄 뿐 아니라 북반구 심해저층수의 기원이 되며 지구의 생성 변천에 관련된 소중한 자료를 인간에게 재공해 주기도 한다. 태양과 지구의 상호작용을 관찰하기 적합한 곳도 남극이다.

수천만 년 전 지질시대에는 녹색의 대지였던 곳이 이제 북극보다 더 가혹한 환경을 가진 대륙으로 변했다. 남극의 최저기온은 83년 7월 소련기지에서 확인한 영하 섭씨 89.2도이다. 7~8월 사이 한겨울의 혹독한 추위는 여름인 1월에 와서야 크게 누그러진다. 해안에서는 섭씨 0도 정도. 물론 체감온도는 이보다 더 낮다.

내가 체류한 12월과 1월은 날이 따뜻해 물개와 펭귄의 표정 속에 평화가 깃드는 시기였다. 수십 마리의 물개가 유빙을 침대 삼아 낮잠을 즐기는 모습은 더없이 평화롭게 보였다. 유빙은 아이스크림처럼 바다 위에 둥둥 떠다니는데 어느 날 갑자기 바람을 타고 와서 우리가 머무르고 있는 만을 가득 메우곤 했다. 그럴 때면 이 유빙으로 된 얼음 다리를 타고 건너편 반도까지 건너갈 수 있을 것 같았다.

하지를 전후해서는 낮 시간이 아주 길어진다. 보통 20시간 이상이 낮인데 이 시기는 햇살이 아주 강해 눈이 조금씩 녹아내렸다. 그리고 노출된 암석의 표면에는 눈 속에서 겨울을 보낸 선태류와 이끼류의 모습들이 드러났다. 남극의 봄은 이렇게 여름이라는 이름으로 찾아온다. 이때는 제법 골짜기를 따라 눈 녹은 물이 흐르고, 푸른 이끼들도 번식하기 시작한다.

하지만 밤이 차차 길어지면서 기압이 낮아지고 갈매기가 하나둘 자취를 감출 때쯤이면 눈이 내리면서 심한 바람이 불기 시작한다. 그 유명한 남극의 폭설풍이다.

수백 년 자란 남극의 선태식물(위)과 남극의 황금빛 이끼(아래)

이 폭설풍 때문에 한 번 고생한 적이 있었다. 아르헨티나 과학자 2명과 함께 지질조사를 하고 그들의 기지로 향하던 중이었다. 활화산으로 알려진 삼형제봉 일대에서 하루 종일 조사 작업을 했기 때문에 지친 발걸음을 떼고 있는데 멀리서 죠디악이 보였다.

아르헨티나 생물학자 2명이 인근에 있는 킹조지 섬 최대의 펭귄 서식지로 가던 중이었다. 펭귄콜로니로 알려져 있는 이곳은 어미펭귄만 해도 약 2만 마리가 서식하고 있는 곳이다.

그때는 새끼치기도 끝난 시기였으므로 모두 합하면 약 3~4만 마리가 군데군데 무리를 이루어 살고 있었다. 같이 가자는 권유에 못 이겨 탑승해 구경에 나섰다. 한 시간 남짓 일대를 돌아보고 있는데 바람이 조금씩 이는가 싶더니 이내 눈보라가 치기 시작했다.

일행은 서둘러 죠디악을 띄웠다. 하지만 심한 바람 때문에 출발할 수 없었다. 갖은 고생 끝에 간신히 해변에서 몇 십m 떨어져 나와 파도를 벗어나나 했더니 결국 큰 파도에 휘말려 죠디악이 물속에 잠겨버렸다. 가슴 정도 깊이라서 큰 탈은 없었지만 문제는 추위였다.

남극의 해수온도는 거의 일정해서 연중 영하 1도~영상 1도 사이이다. 하지만 물속에서 생존이 가능한 시간은 10~15분 정도로 알려져 있다. 온몸이 젖은 일행은 급히 해안으로 나와 인근 대피소로 피했다. 남극은 기후가 급변하는데다 바람이 거세기 때문에 자주 다니는 곳에는 대피소를 만들어두고 있다. 그러나 난방이 안 되고 좁아 오래 있을 수 없었다. 일행은 보트의 회수를 위해 한 명을 남겨둔 채 아르헨티나기지로 되돌아왔다. 그때의 눈보라는 나흘 간 계속되었다.

남극의 여름은 비교적 따뜻하지만 바람이 많이 불기 때문에 체감온도는 훨씬 낮다. 내륙고지대에서 해안으로 부는 바람은 돌발적으로 생기며, 최고기록이 초속 72~89m 정도이다. 바람이 심한 관계로 이곳에서 내린 눈은 바람이 막힌 곳곳에서 쌓인다. 이 때문에 크레바스가 가려지기 때문에 야외에서 지질조사를 할 때 어려움을 겪기도 했다.

또 여름철 기온이 높을 때는 빙하에 의해 이동된 퇴적물이 녹아서 진흙 늪을 형성하기 때문에 잘못 디디면 무릎까지 빠져서 온통 흙탕으로 범벅되곤 했다. 아르헨티나기지 뒤편에 있는 빙하호수 근처에서의 진흙탕 경험은 아직 악몽으로 남아 있다.

남극의 여름은 인간이 활동할 수 있을 뿐 아니라 얕은 바다 속의 해초류가 하루가 다르게 자라고 눈 녹은 물이 폭포를 이루어 떨어지는 장면들을 연출해내기 때문에 평화로운 분위기를 가진다. 그러나 그 평화로움도 잠시뿐, 남극에 뜬 백야의 달이 한가롭고 멀리서 빙하가 무너지는 메아리가 울려 퍼지면서 추운 남극의 겨울은 다가온다.

 04 국경·이념 초월한 우의

영국 왕 조지 3세의 재위 기간 중 최초로 상륙이 이루어져 알려진 킹조지 섬은 남극대륙보다 얼음의 장애가 적고 피신처가 많아 섬이 발견된 이래 많은 고래잡이 선원들이 방문하던 곳이다.

영국, 칠레, 아르헨티나의 영토소유권 주장이 상반되는 곳이어서 섬의 이름도 나라에 따라 다르다. 하지만 이렇게 복잡한 이해관계에도 불구하고 이곳에서 활약하는 체류자들은 국경과 이념을 떠난 인간애를 바탕으로 서로의 우의를 나눈다. 필자는 지질조사를 위해 여러 곳을 돌아다녔는데 이때 방문한 다른 나라 기지에서 그 문화의 단면을 체험할 수 있었다.

세종기지 이웃에 있는 우루과이기지는 한국인들이 가장 친근감을 느끼는 곳이다. 부근의 지질조사를 위해 머문 나흘 동안 그들은 감동적인 호의를 베풀어 주었다. 특기할 만한 것은 대원 13명 모두가 군인으로 구성되어 있다는 것인데 그만큼 위계질서가 엄격한 생활을 하고 있었다. 하루는 기지대장이 인근 칠레기지 준공식에 참석해 밤늦도록 귀환하지 않았다.

대원들은 밤 10시가 넘도록 저녁식사를 하지 않고 대장이 오기만을 기다릴 정도였다. 또 손님을 맞는 파티석상에서도 장교만 참석하고 나머지 대원들은 안주를 마련하는 등 시중만 들었다. 기지대장 마리오와 기상장교는 대단한 술꾼이어서 포도주를 증류하여 만든 삐스꼬라는 독한 술(40도)을 내가 한 잔 비울 때 한 병을 바닥내곤 했다. 주말인 그날 5병의 삐스꼬를 마셨는데 안주로는 그들 특유의 스테이크와 순대가 나왔다.

소련기지에서는 기름을 분해하는 미생물에 대한 연구가 한창이었다. 이곳은 자국 어선을 위한 어업지휘본부 역할도 하고 있는데 인공위성에서 촬영한 기상 및 해양 정보를 남극권 주변에서 조업 중인 그들 어선에 제공하고 있었다.

필자가 소련기지에 체류하고 있는 동안 대원들은 기름 분해 박테리아의 채집을 위해 악천후에서도 잠수 활동을 벌였다. 앞서 우루과이인들의 주량을 이야기했지만 술을 즐기기는 소련인이 으뜸인 것 같았다. 특히 기지대장 유리(Jury)와 부대장의 주량은 따를 자가 없었다. 그들은 독한 보드카를 밤낮 가리지 않고 마셔댔는데 그런데도 자세는 조금도 흐트러지지 않았다.

남극에서도 중국인들은 예의 동양적인 미덕으로 손님맞이를 해 주었다. 체류할 때는 항상 기지대장접견실에서 식사를 했다. 이때 나오는 요리는 너무 요란해서 언젠가 한국의 고급호텔 중국관에서 접한 적 있는 풀코스 중국 요리상과도 같았다. 차례로 요리접시가 나오면 기지대장이 작은 접시에 담아서 권했다.

중국의 남극 진출은 비교적 늦은 편이지만 그만큼 투자를 많이

하고 있다. 자국소유의 배를 이용해 해상탐사활동을 벌이는 한편 설빙에서의 시추작업을 통해 환경연구를 진행하고 있는데 자세가 아주 진지하다. 중국학자들의 열정과 인내는 대단해서 3명으로 구성된 빙하 탐사팀은 20여km 떨어진 빙하의 한가운데까지 8시간을 걸어가서 얼음시추작업을 하곤 했다. 허술한 장비를 이용하는 이 사업은 5년 계획이었다.

관습의 차이겠지만 중국인의 상술은 당할 수가 없었다. 상다리가 부러질 만큼 손님대접을 해도 조그만 기념품은 돈을 받고 팔고 있었다.

아르헨티나기지에서 지워지지 않는 기억은 내가 체류하는 기간 동안 예우로 줄곧 태극기를 계양해 주었다는 사실이다. 처음에는 정치성을 띤 행위로 여겨졌지만 같이 생활하는 동안 그들의 본마음을 읽을 수가 있었다.

지난번에 이야기했지만 펭귄 서식지의 바다에 빠져 돌아오던 날 그들은 나에게 겉옷과 양말은 물론 헌 속옷까지 내놓는 따뜻한 우정을 베풀었다. 그 뒤 나는 그 사람들을 세종기지로 초대해 친절에 보답하는 기회를 가질 수 있었다.

일본인들은 상주기지를 동 남극에 두고 있기 때문에 자주 만날 수 없었다. 중국기지에서 우연히 만난 몇몇 일본 생물학자는 좋은 장비를 가지고 있어서 부러웠다. 펭귄 서식지에서 일본인을 몇 명 만났는데 그들은 상업목적으로 펭귄촬영을 하고 있었다.

기지에서의 이동수단 역시 민족성의 한 단면을 보여주는 것 같았다. 중국은 포신을 제거한 구식탱크를 이용하였는데 워낙 대형이어서 엔진소음이 심했다. 소련의 수륙양육 장갑차 역시 그들의 기질에 맞는 운송수단인 듯했다. 물에 거의 잠겨서 떠다니는 모습이 아주 위태로워 보였지만 그들은 매우 유용하게 사용하고 있었다.

이제 많은 인간들이 드나드는 남극은 새로운 인류문화의 발상지로서 각국의 기초 및 응용과학 연구의 터전이 되어 세계의 발전과 평화에 기여할 것으로 생각된다. 그러나 인간의 활동은 자연의 파괴를 가져오기 때문에 자칫하면 환경이 오염되기 쉽다. 자연은 한 번 파괴되면 원상으로 복구되는데 너무 오랜 시간이 걸리므로 특히 이 점에 신경 써야 한다.

05 남극의 지질과 지하자원

　지금부터 2억 3천만 년 전 남극은 아주 큰 땅덩어리였던 팡게아 대륙의 일부로 존재했다. 그때는 현재의 남미와 아프리카, 인도, 대양주와 결합되어 있었는데 이후 판구조운동에 의해 서서히 분리되었다. 6천5백만 년 전까지만 해도 남미, 대양주와 연결됐으나 이것도 신생대 올리고세에 와서 드레이크 해협의 형성으로 떨어졌다.

　이 대륙들이 오랫동안 하나였다는 사실은 남극횡단산맥의 암층에서 발견되는 담수산 파충류의 화석에서 입증된다. 예를 들어 염소 크기만 한 파충류인 리스트로사우러스는 남극횡단산맥에서 화석으로 나왔는데 이곳뿐 아니라 남아프리카나 인도 등지에서도 확인된 바 있다. 이외에도 물고기나 양서류의 화석도 이들 대륙이 붙어 있었음을 말해 주는 좋은 징표가 된다.

　남극의 지질은 크게 동남극과 서남극으로 나누어진다. 서남극은 팡게아 대륙의 일부인 곤드와나 대륙이 분리된 후 해양지각이 대륙지각의 밑으로 들어가면서 만들어진 관계로 활동성인 태평양 조산대와 관계가 깊다. 이 같은 남극대륙의 생성기원과 지질현상으로 볼 때 이곳에 여러 가지 지하자원이 부존한다는 것은 지극히 당연한 일이다. 왜냐하면 대륙이동 전에 현재 세계유수의 자원보고와 맞물려 있었기 때문이다.

각국이 남극자원에 대해 관심을 기울이기 시작한 것은 70년대 후반 자원고갈에 대한 우려가 표면화되기 시작한 때부터이다. 사실 지금 남극에 진출해 있는 나라들 대부분도 자원탐사에 가장 큰 힘을 쏟고 있는 실정이다.

남극의 금속광물자원은 동남극 철광화대, 남극횡단 광화대, 안데스 광화대 등에 주로 분포되어 있다. 동남극 철광화대에는 철을 비롯해 금과 은, 니켈, 크롬 등이 산재해 있고, 남극횡단 광화대에는 구리, 몰리브덴, 아연, 코발트 등이 주종을 이룬다.

석유에 대한 여러 나라의 관심도 높은 편, 1930년대 처음으로 석유자원 부존 가능성에 대한 지구물리학적 탐사가 행해진 이래 지속적으로 이 분야에 대한 연구가 이루어져왔다. 그 결과 72~73년도에는 로스 해역의 심해굴착 공사를 통해 다량의 메탄가스를 발견할 수 있었고, 80년도에 와서는 브랜스필드 해협에서 유정이 발견되기도 했다.

남극에서의 석유 부존 가능성은 서남극이 제일 높은데, 대략적인 매장량은 150억 배럴 정도로 추정되고 있다. 이중에서 규모가 5억~50억 배럴 수준인 유전이 발견된다면 개발 가능성은 충분한 것으로 전망되고 있다.

석탄은 남극횡단산맥과 동남극 일대에 많이 매장되어 있는데 특히 해안 가까이 있는 프린스찰스 산맥이 개발하기에 좋은 조건을 갖춘 것으로 알려져 있다. 필자가 남극에서 해안 연구 중 성과가 컸던 것은 아연-은 광화대와 함께 자연유황광산을 확인한 것이다. 고령토화 변질작용지역을 찾아낸 것도 큰 기쁨이었다.

재미있는 것은 남극에 있는 얼음도 자원이 된다는 사실이다. 얼음자원에 대해서는 70년대부터 연구가 시작되었는데 지금까지 알려진 바로는 매년 1천만~1천2백만km²의 얼음이 만들어지고 있다. 이것의 용도는 주로 남극에서 가까운 지역에 물을 공급하는 것인데 어떻게 예인하느냐가 가장 큰 문제로 떠오르고 있다.

지금은 눈과 얼음으로 뒤덮인 겨울나라지만 한때는 남극도 수목이 울창한 살기 좋은 땅이었다는 사실은 믿기 어려울 것이다. 하지만 과거 지질시대에는 온대와 아열대기후를 가진 온화한 대륙이었다. 이 일대가 한때 따뜻했다는 사실은 규화목 화석을 통해 입증되는데 필자는 우연한 기회에 이 화석이 광범위하게 분포되어 있는 지역을 찾아낼 수 있었다.

세종기지에서 동남쪽으로 4km가량 떨어진 이곳에서 발견된 규화목 화석은 나이테와 세포조직이 완전하게 보일 만큼 보존상태가 양호했다. 또 그 근처에서 발견된 활엽수 잎 화석과 주위의 암석 등으로 지질환경을 종합해본 결과 신생대 초기까지는 아열대의 숲이 형성되어 있었음을 확인 할 수 있었다.

이 과정을 대략 추정해보면 지금부터 4천4백만 년 전 신생대 이오세 때 화산이 폭발, 울창했던 숲을 덮었던 것으로 생각된다. 그때 매몰된 나무들이 화산재에서 빠져나온 실리카성분에 의해 고화되어 화석이 된 것이다.

이 대지가 한때는 아열대의 밀림을 이루다가 지각변동에 의해

남극 킹조지 섬의 지하자원 탐사 후보지로 열수변질에 의한 특징을
잘 볼 수 있는 곳이다.

추운 이곳까지 옮겨왔다는 사실은 흥미로운 일이 아닐 수 없다. 지
금도 섬의 곳곳에서 화산분출 중심지가 발견되는데 그 중 세종기지
옆에 있는 삼형제봉은 웅장함과 함께 신비감마저 자아낸다.

　　다양한 지질환경을 거치면서 형성된 남극은 가혹한 자연조건에
도 불구하고 이제 더 이상 내버려 둘 수 없는 자원의 보고로 인식되고
있다. 비록 여러 가지 정치·외교적 문제를 안고 있기는 하지만 머지
않아 개발되리라 믿고 있으며 우리도 적극적으로 이에 대비해야 한다.

06 먹이 풍부한 새들의 여름 낙원

비록 혹독한 기후일지라도 남극은 가히 새의 낙원이라 할 수 있다. 육상에는 특별한 적이 없고 바다에는 먹이가 풍부하기 때문이다. 세종기지와 인근 필데스 반도 일대에는 펭귄 4종을 비롯해 슴새, 바다제비, 갈매기 등 많은 새들이 서식하고 있다. 알려진 바대로 펭귄은 남극에서 가장 흔한 새인데 겨울 동안에는 물속에서 지내다가 봄과 여름 사이 번식기가 되면 뭍으로 올라온다. 이때 아무렇게 무리를 짓지 않고 반드시 같은 종끼리 구역을 정해 촌락을 이루는 게 특징이다.

세종기지 근처에는 이렇게 모여든 펭귄이 약 2천 마리 정도였지만 펭귄 콜로니로 잘 알려진 아르헨티나 쥬바니기지 인근에는 수만 마리가 모여 성시를 이루고 있다. 펭귄이 둥지를 만들고 새끼를 치는 과정은 아주 재미있다. 나뭇가지나 풀이 없는 관계로 펭귄은 자갈을 모아다 둥지를 만드는데 둥지 하나에 수백 개의 자갈이 쓰인다. 따라서 번식기가 되면 서식지에서 해변까지 가파른 언덕을 강시걸음으로 뛰어내려가 자갈을 하나씩 물어 올리기 바빴다.

대개 펭귄들은 열심히 일을 하지만 이중에서 남이 일껏 들어다 놓은 자갈을 훔쳐가는 얌체 펭귄도 있었다. 이 도둑 펭귄은 눈치를 살피면서 재빠른 동작으로 남의 둥지에서 자갈을 훔치는데 들키게 되면 죄책감 때문인지 주인의 공격을 받으면서도 대항해 싸우지 않고 당하기만 했다. 짝짓기와 교미가 끝난 후 펭귄은 대개 2개의 알을 낳지만 드물게 3개의 알을 품고 있는 경우도 볼 수 있다. 그러나 여름에도 추운 곳에 사는 황제펭귄은 한 개의 알을 낳아 발등 위에서 부화한다고 한다.

다른 동물과 마찬가지로 펭귄도 자식에 대한 애정이 대단해 알이나 새끼 곁을 떠나는 법이 없다. 암컷이 알을 낳고 먹이를 구하러 나가면 수컷이 알을 품는데 평소에는 사람과 친하지만 새끼 곁에 다가갈 때는 큰 소리를 치거나 강한 부리로 쪼아대며 접근을 막았다. 펭귄의 먹이는 크릴새우로 암컷이 바다에서 잡아 목 속에 잔뜩 넣어온다. 그러면 새끼펭귄이 부리로 어미 목 언저리를 자극해 입을 벌리게 한 다음 속에 있는 먹이를 꺼내 먹었다. 이렇게 지극한 정성으로 펭귄은 알에서 깬지 한 달 만에 어미보다 더 큰 덩치로 자랐다. 하지만 많은 펭귄들이 알과 새끼를 그들 천적인 도둑갈매기에게 잃고 외로이 해변가를 방황하기도 한다. 도둑갈매기는 펭귄 서식지 옆에 살면서 딴 곳을 보는 척 능청을 떨다가 옆걸음으로 슬금슬금 다가가서는 재빠르게 알과 새끼를 훔쳐 먹곤 했다.

남극에서 흔한 새 중 자이언트페트렐이라는 새가 있다. 이 새는 날개를 펼 경우 쪽이 2m 정도로 아주 크지만 혼자 날갯짓을 못할 만큼 둔하다. 따라서 이동할 때는 벼랑 끝에 올라가 세찬 바람을

남극은 기후는 혹독하지만, 육상에는 특별한 적이 없고 바다에는 먹이가 풍부하기 때문에 새들의 낙원이다.

이용, 활강으로 날아오른다. 극갈매기 역시 여름 동안 번식을 하는데 새끼 곁에 다가가면 삼켰던 먹이를 미사일처럼 토해 공격하는 습성이 있다. 처음에는 원인도 모르고 고기 덩어리 폭탄세례를 받았으나 알고 보니 근처에 있는 새끼 때문이었다. 이렇게 새끼를 보호하는 방법도 다양해 도둑갈매기는 암수가 합세, 저공비행으로 눈앞까지 날아와 위협하였고 바다 제비류나 갈매기는 큰 소리로 동료들을 불러 모아 겁을 주었다. 이중 바다제비는 집단으로 공격해 야외에서 조사활동을 하는데 상당한 장애가 되기도 했다.

바다표범도 남극생활에서 잊혀지지 않는 동물이다. 먹이 사냥을 마친 이들은 평평한 유빙 위나 자갈밭에서 수십 수백 마리씩 무리를 지어 햇볕을 쪼이곤 했다. 이중 킹조지 섬 일대에 가장 많이 서식하는 코끼리해표는 수백kg이 넘는 큰 몸짓으로 소처럼 순한 인상을 주었으나 모피해표라는 작은 종은 사나운 개처럼 사람에게 달려들곤 했다. 함께 체류했던 한 연구원은 이 물개에게 쫓겨 실험 장비를 팽개친 채 수십m나 도망다녔던 경험을 필자에게 이야기하기도 했다.

남극은 저온상태이기 때문에 자연환경이 한 번 파괴되면 원상으로 복구되는데 아주 긴 시간이 필요하다. 이 때문에 일부 강경환경론자들은 남극을 '세계의 공원'으로 보호하자고 주장하고 있을 정도다. 현재 남극은 '남극조약'과 '남극 동식물 보호를 위한 합의대책'에 의해 보존되고 있다. 또 일부지역은 특별보호지역으로 설정되어 있고 특별보호를 받는 생물종도 있다. 17곳의 특별보호지역은 주로 동물과 식물의 서식지인데 이곳을 출입하려면 주변

기지장의 출입허가를 받아야 한다. 특히 새들의 부화기간 동안에는 출입이나 차량 운행, 항공기 이착륙과 폭발물이나 화기 사용이 금지되어 있다. 남극은 하나의 큰 자연동물원으로서 지금까지는 잘 보존되고 있으나 인간의 활동이 빈번해짐에 따라 파괴될 소지를 안고 있다. 우리는 자연이 가장 잘 보존된 이곳을 보호하는데 힘써야 한다.

07 최후의 땅 남극

　세종기지 근처의 펭귄 서식지 언덕 밑 조그만 바위섬에는 2차 동계대원들이 여러 번의 시행착오를 거치면서 수색한 끝에 찾아낸 낚시터가 있다. 바람이 잔잔한 어느 날 밤 호기심 많은 대원 몇 명이 저녁식사를 마치고 고무보트로 섬에 접근해 낚싯대를 드리웠다. 반복되는 하루에서의 조그만 일탈이랄까. 백야의 남극 낚시는 운치가 있었다.

　그날은 파도가 좀 심한 편이었지만 쇠고기를 미끼로 한 덕분인지 수확이 꽤 좋았다. 한 사람이 시간당 열 마리 정도를 잡았으니까. 일부는 돼지고기를 미끼로 하기도 했는데 수확은 쇠고기에 훨씬 못 미쳤다. 보통 암컷이 수컷보다 많이 잡혔고 크기는 30~50cm 정도였다. 이 남방대구들은 낚시에 시달리지 않았던 탓인지 먹이를 삼키고도 도무지 요동을 하지 않아 애를 먹기도 했다.

　기지에 돌아온 뒤 매운탕 솜씨로 이미 정평이 나 있는 한 대원이 나서서 요리를 시작했다. 뱃속에는 해조류와 삿갓조개가 들어앉아 있었다. 어떻게 그 큰 삿갓조개를 껍질째 소화하는지 의아하기도 했지만 아무튼 육질이 단단하고 담백해 횟감으로는 일품이었다. 이 때문에 기지 건설 후부터 그때까지 재고로 남아돌던 소주가 바닥났음은 물론이다.

남극에는 춥고 긴 겨울을 견딜 수 있는 생물만이 살 수 있다. 따라서 서식하는 해양생물의 종류도 제한될 수밖에 없다. 남빙양의 해양생태계에 가장 중요한 위치를 차지하는 것이 동물성 플랑크톤인 크릴인데 그 종류는 10여 가지나 된다. 남극생물의 가장 기본적인 먹이인 이것은 남극대륙 주변과 대서양쪽의 남극해에 밀집 분포되어 있고 그 양은 10억t 정도로 추정된다.

미래의 식량자원으로까지 알려져 한때 붐을 일으켰던 크릴은 지금 10여 개국에서 잡아다 식품, 가축사료 등으로 이용하고 있다. 우리나라는 1978년부터 1984년까지 4차에 걸쳐 엔더비-윌크근해와 퀸모스랜드에서 해양조사와 함께 크릴어획을 한 이래 지금까지 스코티 해역에서 크릴새우를 잡아왔다. 어획량은 갈수록 늘어나 초기에는 1천여t에 불과하던 것이 지난해는 4천5백t에 달했다.

남빙양에는 세종기지 근처 낚시터에서 우리가 즐겨 잡은 남방대구를 비롯해 속살이 투명한 빙어 등 100여 어종이 살고 있다. 여기서 남방대구와 빙어는 소련, 동독, 폴란드 같은 동구에서 대량으로 어획하기도 한다. 소련과 불가리아가 80년 한 해 동안 스코티 해역에서 잡은 남방대구와 빙어가 30만t에 이른다고 하니 이곳 수산자원의 잠재력을 짐작할 수 있다.

특히 아르헨티나기지에서는 학자들이 근처 바다에 그물을 쳐놓고 일정시간 간격으로 어종과 수량 등을 체크하고 있었는데 3시

해안의 유빙과 물개.
남극은 남위 60도 남쪽에 있는 육지와 해양을 뜻하며 특이한 자연환경으로 인해
지구 전체의 기후와 해양환경에 막대한 영향을 미친다.
또한 풍부한 생물 지하자원이 부존되어 있어 세계 각국의 관심대상이 되고 있다.

간마다 테니스장 그물 크기의 망에는 수십 마리의 남방대구와 빙어
가 잡히고 있었다. 그들은 이중 빙어를 토마토 양념으로 요리해 반
찬으로 이용하기도 했다.

　　남극 여름의 긴 낮 시간 동안 해안에는 해조류가 쑥쑥 자란다.
태풍이라도 몰아치는 날이면 이들이 바닷가로 밀려나왔다. 이중에
는 드물게 어른 주먹크기만 한 미더덕도 섞여 있어 필자가 맛을 보

니 한국에서 먹던 멍게 맛과도 같았다. 바닷가 바위 밑에는 많은 삿갓조개가 붙어 있는데 이것은 어류뿐 아니라 극갈매기도 즐겨 까먹곤 했다.

생물학자의 설명에 따르면 이 삿갓조개는 성장이 매우 느려 보통 크기로 자라는 데도 100년 이상이 걸린다고 한다. 남빙양의 오징어는 아주 커서 수십m에 달하는 것도 있다. 20여 종에 달하는 이들 오징어는 고래나 물개에 의해 많이 감소되었지만 최근에는 고래 수가 줄어들어 다시 늘어난다는 보고도 있다. 남빙양에는 또 저온과 약한 태양광선에 적응된 각종 미생물과 박테리아가 성장하고 있어 이를 이용한 유전공학 연구가 한창이다.

크릴을 포함한 많은 생물자원이 남빙양에 분포하지만 이들을 대량으로 개발하기 위해서는 해양생물의 생태연구를 포함한 먹이사슬의 정성 정량적 상호관계 연구가 필요하다. 현재 남극의 생태환경 보호를 위해 넬슨 섬과 포터 반도 등지에는 특별 과학적 관심구역(Site of Special Scientific Interest)이 정해져 보호되고 있다.

또 뷰포터 섬과 로스 해 일대는 특별보호구역(Special Protected Area)으로 선정되어 필요불가결한 연구를 위한 출입만 허용하고 있는 실정이다. 따라서 우리도 남극을 개발할 때 인류의 생태계 보루라는 점을 인식, 보호에 노력을 아끼지 말아야 한다.

 미래의 땅 남극

1990년 1월 21일 백야의 저녁, 모처럼 뜬 남극의 반달을 바라보며 짧은 기간이나마 깊은 감회를 안겨주었던 남극 땅 킹조지 섬의 세종기지를 떠났다. 해변에는 앞으로 1년 동안 모진 남극의 겨울과 싸울 3차 동계대원들이 전송을 나와 손을 흔들고 있었다. 누가누구를 전송해야 하는지의 처지를 잊은 채 그들은 무리를 진 펭귄과 함께 오랫동안 서 있었다. 해변에는 줄지어 펭귄들이 다이빙 곡예를 연출하고, 갈매기들은 이별이 아쉬운 듯 그날 밤이 어둡도록 우리 일행이 탄 배를 뒤따라왔다.

3차 동계대원들의 윤곽이 점점 희미해지자 한동안 친숙했던 바턴 반도, 필테스 반도, 아델리 섬, 삼형제봉 등이 한눈에 들어왔다.

적막감 속에서 외로움을 느꼈던 경험과 위험에 처했던 순간의 섬뜩함, 때로 연구를 위한 결정적 단서를 발견할 때의 환희 등 추억들이 하나둘 투영되어 스쳐갔다. 외경스러운 환경과 경이로운 자연법칙의 작은 조각들을 이해하기 위한 인간의 노력이 점점이 박혀 있는 남극 땅을 사라질 때까지 바라보고 있었다.

잠깐 감상에 젖은 사이 배는 킹조지 섬의 서편으로 돌아 태평양에 들어섰다. 섬에 의해 차단됐던 태평양쪽 남극해의 높은 파도가 사정없이 배를 뒤흔들기 시작했다. 드레이크 해협, 세계에서 가장 파도가 심하다는 그 해협에 들어선 것이었다. 그때부터 심한 멀미로 인한 사흘간의 고행이 시작되었다. 연일 7~8m 높이의 파도가 몰아쳤다. 배는 다시 남미의 골을 돌아 대서양쪽을 향했다.

마젤란 해협에 들어서자 바다는 잔잔한 호수로 변하고 그동안 식사를 못한 탓으로 심한 시장기를 느꼈다. 실로 사흘 만에 갖는 식사였다.

앞서 언급했지만 남극대륙은 오래전부터 일부 선진국에 의해 비군사적인 학술연구의 관심대상이 되어왔다. 우리나라는 1989년 10월 18일 남극조약협의당사국(ATCP) 특별회의에서 세계 23번째로 남극조약협의당사국 자격을 획득했다.

남극은 남위 60도 남쪽에 있는 육지와 해양을 뜻하며 특이한 자연환경으로 인해 지구 전체의 기후와 해양환경에 막대한 영향을 미친다. 또한 풍부한 생물 지하자원이 부존되어 있어 세계 각국의 관심대상이 되고 있다. 남극연구를 위해서는 기지운영을 위한 막대한 예산이 필요하고 예측불허의 기상에 대한 어려움이 따르지만 국제적 관심은 여전히 높아가고 있다. 북한도 1990년 초 3명의 과학자를 남극의 소련기지로 파견해 진출을 시도하고 있다.

최근 남극연구의 경향은 지구대기와 해양환경에 관한 것과 지질, 고환경, 고기후 및 인체생일 그리고 생명과학 등에 집중되고 있다. 이러한 기초과학적 연구는 차후 전개될 응용과학 부문을 위한 기초자료로 밑거름이 될 것이다.

현재까지 밝혀진 남극의 크릴 자원량이 약 8~60억t이고 연간 지속적인 생산량이 1~2억 톤으로 추정되고 있는 것을 보면 이곳이 인류의 가장 큰 미개발 단백질자원 보고임에 틀림이 없다. 지하자원 역시 타 지역 자원의 공급량이 줄어들기 때문에 개발가능성이 매우 높다.

새로운 과학기술 발전의 실험실로서 남극연구는 필요하며 이를 위해서는 남극개발을 둘러싼 세계 각국의 움직임을 잘 파악하고 국제적 활동에 적극적으로 참여해야 한다.

이를 통해서만이 남극자원에 대한 우리의 국제적 입지와 기득권 주장이 가능하게 될 것이다. 또한 국제수준의 연구기관과 긴밀한 협의 체제를 구축하여 국제동향에 따른 진출방안을 수립해 나가야함은 물론이다.

내적으로 해양, 지질, 수산, 생물 분야의 교육 및 과학기술 발전을 위한 국가적 차원의 종합적 계획을 수립하고 정부의 적극적인 지원하에 관계기관의 상호협력 체제가 이루어져야 한다.

또한 민족사의 새로운 발전의 계기가 될 해양개발에 대한 국민적 호응과 자긍심도 필요하다고 본다. 태평양시대를 맞아 우리는 행동의 장을 더욱 밖으로 넓혀가야 하기 때문이다.

특히 부산은 앞으로 전개될 해양일국을 이루는데 주도적인 역할을 수행할 거점도시로서 선박, 해양과학, 해운 등에 대한 총체적 계획수립이 시급하게 요구되는 실정이다.

박맹언 교수의 돌 이야기

첫판 1쇄 펴낸날 2008년 5월 20일
2쇄 펴낸날 2009년 4월 1일

지은이 박맹언
펴낸이 강수걸
펴낸곳 산지니
등록 2005년 2월 7일 제14-49호
주소 부산광역시 연제구 거제1동 1493-2 효정빌딩 601호
전화 051-504-7070 | **팩스** 051-507-7543
sanzini@sanzinibook.com
www.sanzinibook.com
편집 김은경·권경옥 | **디자인·제작** 권문경
인쇄 대정인쇄

ISBN 978-89-92235-40-2 03400

값 13,000원